园林绿地规划

主　编　郑　霞　罗　真

副主编　冯　磊　陈　兰

参　编　张朝阳　李　欢

竹　丽　彭达浠

北京理工大学出版社

BEIJING INSTITUTE OF TECHNOLOGY PRESS

内 容 提 要

本书依托《园林绿地规划》省级精品在线开放课程资源，将纸质教材与数字化资源深度融合，打造了融媒体新形态教材。本书以培养学生的系统思维和规划表达能力为出发点，融通《城市绿地规划标准》（GB/T 51346—2019）和《城市绿地分类标准》（CJJ/T 85—2017），对教材内容进行整合创新，构建了理实一体化、工作任务化的总论（绿地总体布局、绿地分类规划、绿地专业规划）和各论（公园绿地规划、校园绿地规划、住区绿地规划、城市广场规划、道路绿地规划）共2个模块、8个项目的教材内容体系。

本书可供高等院校风景园林、园林、城乡规划、景观规划、建筑学、环境艺术设计、旅游、园艺、林业等专业教学使用，也可供园林规划与咨询相关技术和管理人员等园林绿化工作者和园林爱好者自学和参考。

图书在版编目（CIP）数据

园林绿地规划 / 郑霞，罗真主编. --北京：北京理工大学出版社，2025.1.

ISBN 978-7-5763-4821-7

Ⅰ. TU986.2

中国国家版本馆CIP数据核字第2025SP3559号

责任编辑：江　立　　**文案编辑**：江　立

责任校对：周瑞红　　**责任印制**：王美丽

出版发行 / 北京理工大学出版社有限责任公司

社　　址 / 北京市丰台区四合庄路 6 号

邮　　编 / 100070

电　　话 / (010) 68914026（教材售后服务热线）

(010) 63726648（课件资源服务热线）

网　　址 / http://www.bitpress.com.cn

版 印 次 / 2025 年 1 月第 1 版第 1 次印刷

印　　刷 / 河北鑫彩博图印刷有限公司

开　　本 / 889 mm × 1194 mm　1/16

印　　张 / 9

字　　数 / 240 千字

定　　价 / 89.00 元

前言

习近平总书记在党的二十大报告中指出："我们要推进美丽中国建设，坚持山水林田湖草沙一体化保护和系统治理，统筹产业结构调整、污染治理、生态保护、应对气候变化，协同推进降碳、减污、扩绿、增长，推进生态优先、节约集约、绿色低碳发展。"

在美丽中国和生态文明建设背景下，基于新时代国土景观规划、公园城市建设的要求，风景园林设计人才需要具备从宏观的绿地系统、中观的园林规划到微观的景观设计的综合能力。本书以习近平新时代中国特色社会主义思想为指导，贯彻落实党的二十大精神，以培养适应新时代需求的风景园林设计人才为目标。"园林绿地规划"是一门综合性很强的专业技术课程，也是园林类专业的核心课程。通过本课程的学习，学生能够掌握宏观和中观尺度的绿地规划项目理论与实践技能，形成系统思维能力和规划表达能力，为后续微观尺度景观项目的详细设计打下坚实基础。

内容整合：根据高职学生学情，融通《城市绿地规划标准》（GB/T 51346—2019）、《城市绿地分类标准》（CJJ/T 85—2017）和全国职业技能大赛园艺赛项，以培养学生的系统思维和规划表达能力为出发点，对教材内容进行整合创新，构建了"2模块-8项目-40任务点"的课程结构和内容，满足高等职业教育类型定位需求。

模式创新：以真实项目为任务驱动，采用任务导入、案例赏析、理论探究、现状调研、规划表达、评价总结六大教学环节，组织教材的编写和资源的开发，充分调动视、听、嗅、触、味各个层次对景观的整体反应，适应"虚拟+现实、系统性+碎片化、线上+线下"相结合的混合式教学的要求。

专思融合：围绕"生态伦理、红色文化和儒家精神"三方面的文化元素，开发了"以中为尊、'两弹一星'精神、红色沙洲、东方儒光、和美人居"等"红、绿、古"资源，确立"从慎思明辨（个人素养）、正本清源（行业思想）到经世致用（志向信念）"的文化主线，激发学生的家国情怀，坚定文化自信。

增值评价：运用AHP模糊综合评价法，开发"知-意-行"核心素养评价模型，构建了"知-意-行"3个目标因子及相应的10个准则层因子，精准各项目评价，覆盖了教学的知识、能力和素质目标要求。

数字升级：自主研发海量的数字资源，包含微课开讲、案例精讲、案例赏析、素养微课、真实项目、作品赏析等数字教材内容，为线上线下混合式教学提供了既丰富又适用的内容和资源，实现教材数字化转型升级。

本书由长沙环境保护职业技术学院郑霞、罗真担任主编，由河南建筑职业技术学院冯磊和湖南一建园林建设有限公司陈兰担任副主编，长沙环境保护职业技术学院张朝阳、竹丽、李欢和怀化职业技术学院彭达浠参与本书编写，具体编写分工为：郑霞编写课程导入、模块1、模块2项目4和8，罗真编写模块2项目5、6、7，冯磊、陈兰、竹丽参与开发案例精讲微课资源，张朝阳编写模块2项目8理论探究，李欢、彭达浠完成模块2部分插图；全书由郑霞统稿。

本书部分真实项目案例由湖南省一建园林建设有限公司、湖南省建筑设计院集团股份有限公司、郴州市设计集团有限公司提供，谨此一并表示感谢。

由于编者水平有限，书中难免存在不妥之处，恳请各位专家和读者批评指正。

编　者

目录

课程导入

教学单元设计			
课程名称	园林绿地规划	**授课对象**	
授课单元	课程导入	**单元课时**	4 课时
授课地点	多媒体教室、实训基地等	**讲授形式**	混合式教学方法
任务驱动	**以“从辨方正位·体国经野到国土空间规划”“你心目中的公园城市？”等主题讨论为任务驱动**，通过素材的收集、主题 PPT 的制作到主题汇报，加深学生对规划前沿热点知识的理解，从而掌握理论知识点		
文化元素	传统文化融入教学内容案例：召开以**“《周礼》中匠人营国与国土空间规划、辨方正位·体国经野”**为主题的讨论会，在历史与现代规划思想的碰撞中，传承传统文化，认识传统《周礼》中的规划理念；通过“你心目中的公园城市？”主题讨论，让学生了解我国青岛、成都、北京、上海等现代大城市的绿地建设情况，构建学生对美丽中国、公园城市的直观印象		
知识要点	城市绿地相关概念、规划前沿热点、国内外绿地发展		
学情分析	通过前续课程“园林制图”“园林设计初步”“效果手绘表达”的学习，学生已经积累了一定的专业认知，但未建立对绿地系统的宏观思维和规划思维		
教学目标	1. 知识目标：掌握城市绿地分类、绿地指标定额、绿地结构布局。 2. 能力目标：具备城市绿地系统总体规划的能力。 3. 素质目标：培养学生宏观思维和规划思维的能力		
重点难点	教学重点：绿地的分类统计、指标定额和指标计算。 教学难点：城市绿地系统总体布局		
教学策略	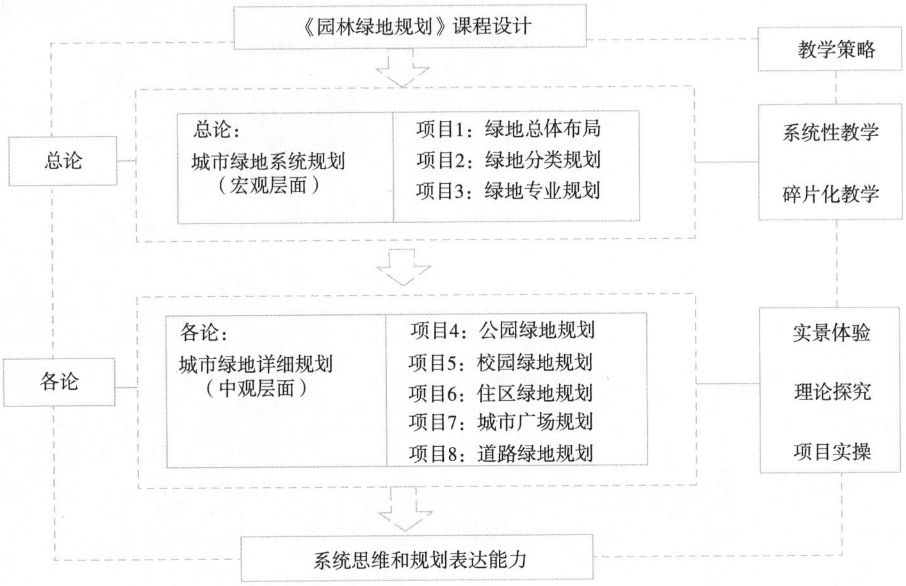		

续表

教学评价	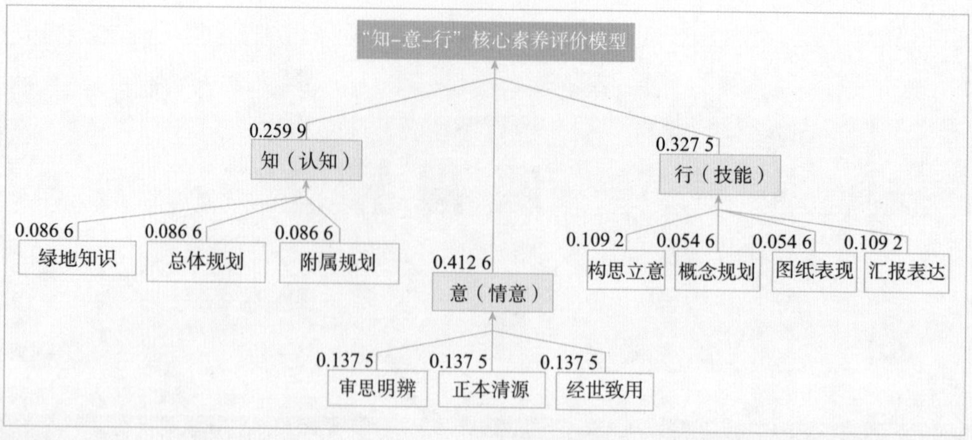

任务 0.1　城市绿地规划

0.1.1　城市绿地的定义

城市绿地是否可简单地理解为城市当中的绿化用地呢？在不同的标准和规范中对城市绿地有不同的定义，例如，在《中国大百科全书》中，城市绿地是指城市中由各种类型、各种规模的园林绿地组成的生态系统，用以改善城市环境，为城市居民提供游憩境域。

微课：认知城市绿地

根据《风景园林基本术语标准》（CJJ/T 91—2017），城市绿地是以植被为主要形态且具有一定功能和用途的一类用地。

随着学科的发展，《城市绿地分类标准》（CJJ/T 85—2017）对城市绿地有了新的定义：城市绿地是指在城市行政区域内，以自然植被和人工植被为主要存在形态的用地。它包含两个层次的内容：一是城市建设用地范围内用于绿化的土地；二是城市建设用地之外，对生态、景观和居民休闲生活具有积极作用、绿化环境较好的区域。在城市建设用地内主要包括公园绿地、广场用地、防护绿地、附属绿地四大类，在城市建设用地之外主要包括区域绿地（图 0-1）。

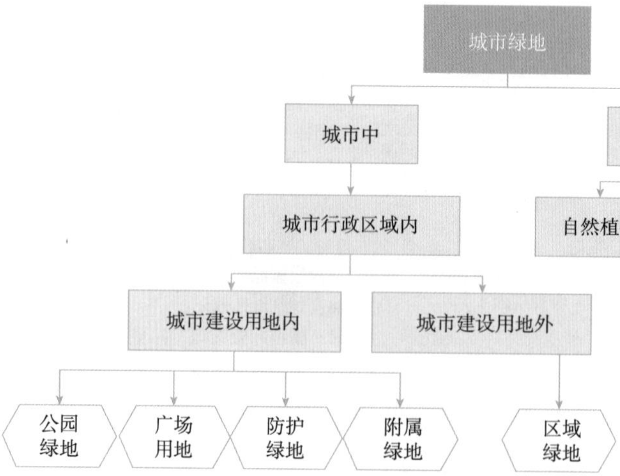

图 0-1　城市绿地分类标准

0.1.2 城市规划的定义

城和市起初是两个不同的概念。城主要是为了防卫，是用城墙等围起来的地域，它有着明显界限，就是围墙内的地域空间（图 0-2）。市具有贸易交换功能，是进行交易的场所。城市是一个地理学名词，也称城市聚落，是具有商业交换职能的居民点，一般包括住宅区、工业区和商业区，具备行政管辖功能。行政的管辖功能可能涉及更为广泛的区域，其中包括居民区、街道、医院、学校、公共绿地、写字楼、商业卖场、广场公园等公共设施。

微课：认知城市规划

图 0-2　古代西安城

城市规划是人类为了在城市发展过程中维持公共空间秩序而做的未来空间安排。规划具有时间性、空间性、依据性，而且在时间性上，城市规划具有前瞻性和预测性；同时在空间秩序上，城市规划具有空间联动性。例如，花园城市新加坡（图 0-3），该城市美丽且井然有序。新加坡城市发展的基本经验就是科学而正确地处理规划、建设和管理三者之间的关系。

图 0-3　花园城市新加坡

综上所述，城市规划是指将居民区、街道、医院、学校、公共绿地、写字楼、商业卖场、广场公园等建筑和设施，在城市未来发展的空间当中进行合理、有序的空间组织和安排。

0.1.3 城市绿地系统规划的定义

（1）城市绿地系统。城市绿地系统（Urban Green Space System）是由城市中各种类型和规模的绿化用地组成的整体。它是由一定质与量的各类绿地相互联系、相互作用形成的绿色有机整体，即城市中不同类型、性质和规模的各种绿地共同构建而成的一个稳定持久的城市绿地环境体系，是城市规划的一个重要组成部分。

城市绿地系统多指园林绿地系统，一般由城市公园、城市广场、花园、道路交通绿地、单位附属绿地、居住区绿地、防护林、生态林及城郊风景名胜区绿地组成。根据《城市绿地分类标准》（CJJ/T 85—2017），城市绿地分为五类：G1 公园绿地（综合公园、社区公园、专类公园、游园）；G2 防护绿地（卫生隔离防护绿地、道路及铁路防护绿地、高压走廊防护绿地、公用设施防护绿地等）；G3 广场用地（以游憩、纪念、集会和避险等功能为主的城市公共活动场地）；XG 附属绿地（居住用地附属绿地、公共管理与公共服务设施用地附属绿地、商业服务业设施用地附属绿地、工业用地附属绿地、物流仓储用地附属绿地、道路与交通设施用地附属绿地、公用设施用地附属绿地等）；EG 区域绿地（风景游憩绿地、生态保育绿地、区域设施防护绿地、生产绿地）。

（2）城市绿地系统规划。城市绿地系统规划是对各种城市绿地进行统一规划，系统考量，做出合理安排，形成一定的布局形式，以实现绿地所具有的生态保护、生活居住、生产需要，具有休闲和社会文化等功能的活动。城市绿地系统的布局在城市绿地系统规划中占有相当重要的地位。

（3）市域绿地系统。市域绿地系统是市域内各类绿地通过绿带、绿廊、绿网整合串联构成的具有生态保育、风景游憩和安全防护等功能的有机网络体系。

（4）绿色生态空间。绿色生态空间是市域内对于保护重要生态要素、维护生态空间结构完整、确保城乡生态安全、发挥风景游憩和安全防护功能有重要意义，需要对其中的城乡建设行为进行管控的各类绿色空间。

（5）风景游憩体系。风景游憩体系是由各类自然人文景观资源构成，通过绿道、绿廊及交通线路串联，提供不同层次和类型游憩服务的空间系统。

（6）城区绿地系统。城区绿地系统是由城区各类绿地构成，并与区域绿地相联系，具有优化城市空间格局，发挥绿地生态、游憩、景观、防护等多重功能的绿地网络系统。

任务 0.2　城市绿地规划的热点

0.2.1　国土空间规划

（1）国土空间规划的提出。2018 年 3 月 13 日，伴随着自然资源部的成立，我国国家空间规划体系改革的发展步入新的历史时期。2015 年 9 月 21 日，中共中央、国务院印发《生态文明体制改革总体方案》，提出生态文明体制改革的目标之一是到 2020 年构建以空间治理和空间结构优化为主要内容，全国统一、相互衔接、分级管理的空间规划体系。面对改革任务倒逼的这一窗口期，要从过去的多规并存到全面建立新的国土空间规划体系，时间紧，任务重，挑战大，如何把这项事关国家治理大局的改革做得更好，需要更多的真知灼见为改革添砖加瓦。为此，特开设“空间规划”专栏，邀请领域内不同地域、不同部门、不同岗位、不同年龄的专家学者从多样的视角与维度撰文与读者分享交流，以期助力与新时代所匹配的规划理念与理论体系、规划语言与表达体系、规划方法与技术体系、规划法律与制度体系的更好建立。

（2）国土空间规划的内涵界定。2018 年 11 月，中共中央、国务院发布《关于统一规划体系更好发挥国家发展规划战略导向作用的意见》（以下简称 44 号文件），明确了新时代国家新规划体系：发展规划是一级政府的“一本规划”，国土空间规划则是一级政府的“一张蓝图”。发展规划和国土空间规划互为依托，相得益彰。通过这一制度安排，实现“一级政府，一本规划、一张蓝图”绘到底的规划制度改革目标（图 0-4）。

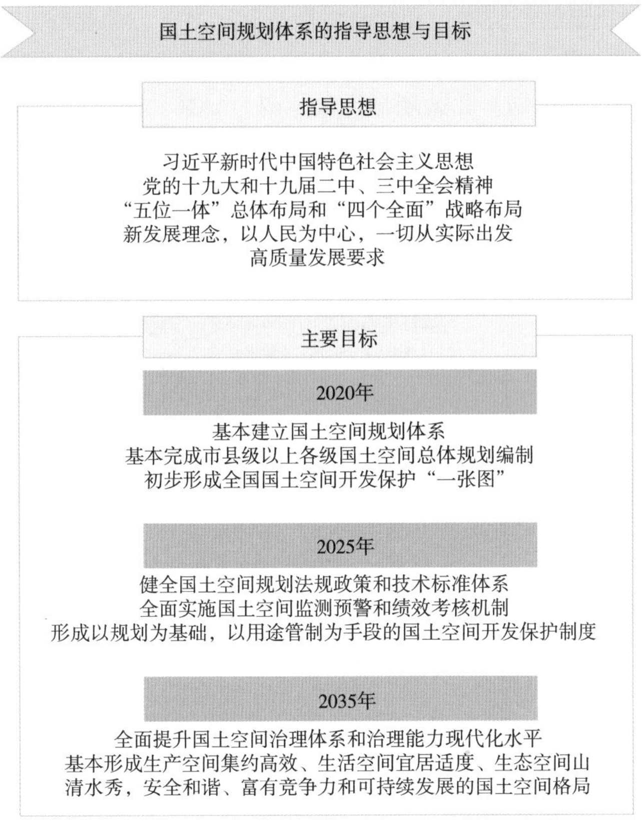

国土空间规划体系的指导思想与目标
指导思想
习近平新时代中国特色社会主义思想
党的十九大和十九届二中、三中全会精神
“五位一体”总体布局和“四个全面”战略布局
新发展理念，以人民为中心，一切从实际出发
高质量发展要求
主要目标
2020年
基本建立国土空间规划体系
基本完成市县级以上各级国土空间总体规划编制
初步形成全国国土空间开发保护“一张图”
2025年
健全国土空间规划法规政策和技术标准体系
全面实施国土空间监测预警和绩效考核机制
形成以规划为基础，以用途管制为手段的国土空间开发保护制度
2035年
全面提升国土空间治理体系和治理能力现代化水平
基本形成生产空间集约高效、生活空间宜居适度、生态空间山清水秀，安全和谐、富有竞争力和可持续发展的国土空间格局

图 0-4　国土空间规划体系的指导思想与目标

44 号文件明确指出：“建立以国家发展规划为统领，以空间规划为基础，以专项规划、区域规划为支撑，由国家、省、市县各级规划共同组成，定位准确、边界清晰、功能互补、统一衔接的国家规划体系。”据此不难看出，国土空间规划将在发展规划统领下，依托国土空间本底条件，科学划定生态、农业、城镇“三类空间”和生态保护、基本农田和城镇开发“三条红线”，在空间管控底图格局的基础上，进行生产、生活、生态“三生空间”要素的理性规划（图 0-5）。

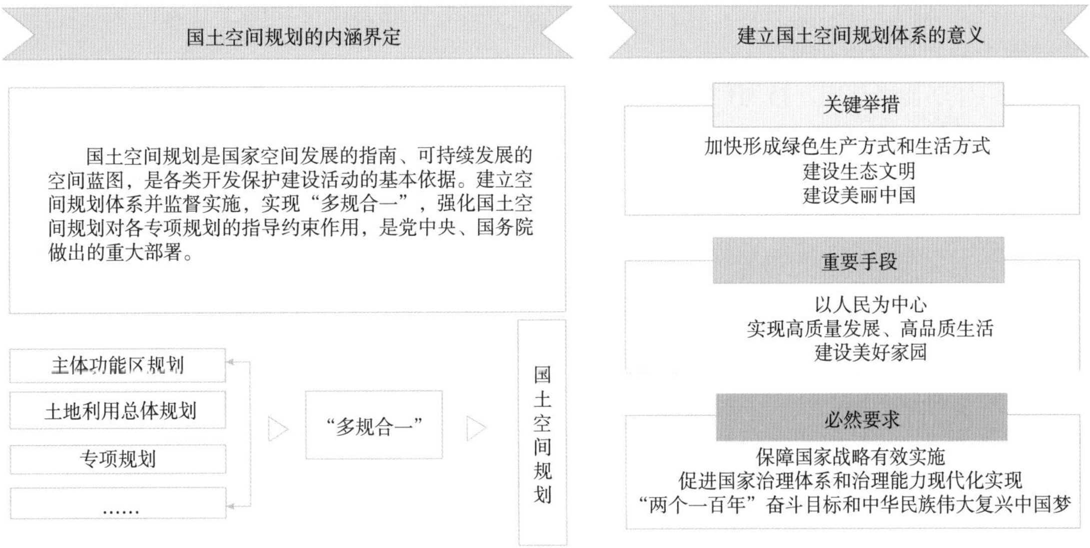

国土空间规划的内涵界定
国土空间规划是国家空间发展的指南、可持续发展的空间蓝图，是各类开发保护建设活动的基本依据。建立空间规划体系并监督实施，实现“多规合一”，强化国土空间规划对各专项规划的指导约束作用，是党中央、国务院做出的重大部署。
主体功能区规划
土地利用总体规划
专项规划
……
“多规合一”
国土空间规划
建立国土空间规划体系的意义
关键举措
加快形成绿色生产方式和生活方式
建设生态文明
建设美丽中国
重要手段
以人民为中心
实现高质量发展、高品质生活
建设美好家园
必然要求
保障国家战略有效实施
促进国家治理体系和治理能力现代化实现
“两个一百年”奋斗目标和中华民族伟大复兴中国梦

图 0-5　国土空间规划的内涵界定和意义

一方面实现发展规划提出的经济增长和社会发展目标；另一方面能够实现城市或区域的人口—资源—环境—生态的可持续发展。而且，发展规划和国土空间规划都是“政府规划”，也都是一级政府作为规划实施主体的可操作性规划。我国现行行政体制为国家、省级、地级、县（县级市）级和乡镇五级区划，也将编制五级政府的发展规划和国土空间规划（图 0-6）。

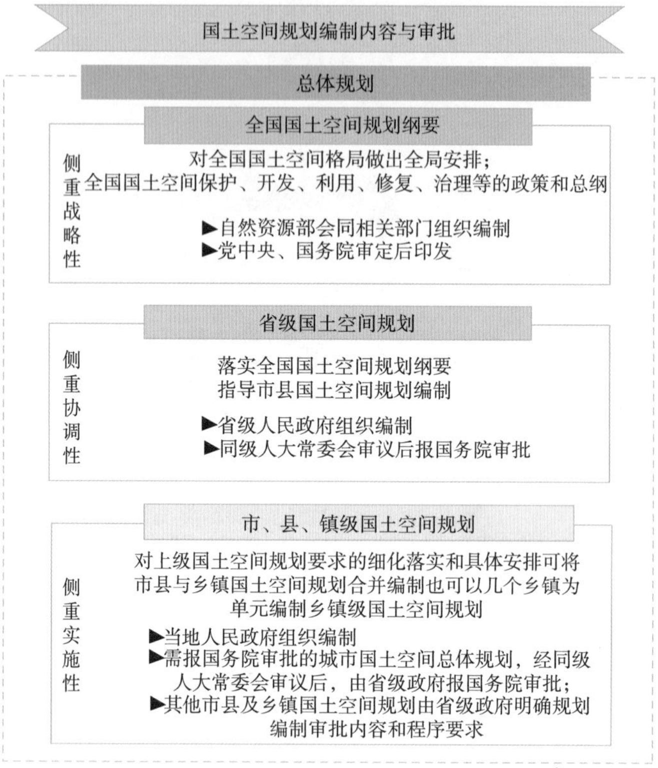

图 0-6　国土空间规划编制内容与审批

（3）国土空间规划的基本构成。

①空间管控底线。充分发挥国家和省级主体功能区在国土空间方面的战略性、基础性和约束性作用，按照不同区域的主体功能定位，进行科学的资源环境承载能力评价和国土开发适宜性评价，实行差异化的国土空间利用和开发。

②制定主体功能区战略。按照优化开发、重点开发、限制开发和禁止开发的区域功能定位，优化国土空间开发格局，实施国土空间的分类管理政策。

③“三区三线”协同划定。在国家层面和省级层面，在保障国家生态安全、粮食安全、城乡安全的基础上划定“三类空间”和“三条红线”。在城市层面，进一步落实国家和省级主体功能区战略，细分生态和农村两类空间，以及生态保护和永久农村地区“两条红线”，在此基础上准确划定城镇建成区及其边界，从城镇土地开发效率和城镇建设安全的视角划定城镇刚性增长边界和弹性增长边界，为推进国家城镇化战略服务。

④空间要素的有效植入。国土空间规划说到底是空间要素的科学利用和规划，包括政府辖区空间的有效或高效利用，也面临更大范围内水、交通、环境、社会和文化资源的分享使用。新时代面临新矛盾，对于国土空间规划而言，主要解决的是空间的不平衡不充分发展问题。国土空间规划需要转变传统规划价值取向，彰显全面发展、绿色生态、文化传承和以人为本的理念，更加重质量、重协调、重存量、重特色、重生态、重治理，提高城市和区域的发展质量成为第一要务（图 0-7）。

国土空间规划编制要求

体现战略性
- 落实国家重大决策部署
- 自上而下编制

提高科学性
- 以“双评价”（资源环境承载能力和国土空间开发适宜性评价）为基础
- 布局三类功能空间（生态、农业、城镇）
- 划设三条管控边界（生态保护红线、永久基本农田、城镇开发边界）以及各类海域保护线，强化底线约束
- 统筹地上地下空间综合利用，完善基础设施和公共服务设施
- 延续历史文脉，加强风貌管控，突出地域特色

加强协调性
- 国土空间总体规划是详细规划的依据，相关专项规划的基础
- 相关专项规划要相互协同，与详细规划做好衔接

注意操作性
- 约束性指标、刚性管控、指导性要求
- 谁组织编制、谁负责实施
- 纵向与横向同步推进的实施传导机制

强化权威性
- 先规划，后实施
- 规划一经批复，任何部门和个人不得随意修改、违规变更
- 将国土空间规划执行情况纳入自然资源执法督查内容

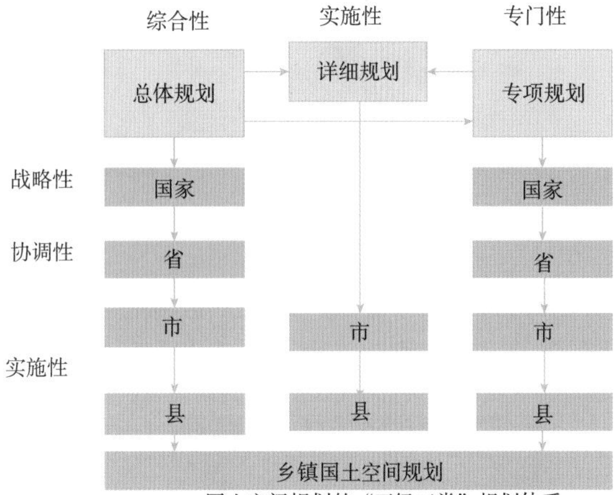

国土空间规划的“五级三类”规划体系

图 0-7　国土空间规划体系总体框架

0.2.2　国家公园与自然保护地

2021 年 10 月 12 日，国家主席习近平在《生物多样性公约》第十五次缔约方大会上宣布，中国正式设立三江源、大熊猫、东北虎豹、海南热带雨林、武夷山等第一批国家公园。

微课：解析国家公园

三江源国家公园：地处青藏高原腹地，是长江、黄河、澜沧江发源地，素有“中华水塔”“高寒生物种质资源库”之称，拥有冰川雪山、高海拔湿地、荒漠戈壁、高寒草原草甸等高寒生态系统，是国家重要的生态安全屏障（图 0-8）。

图 0-8　三江源国家公园

大熊猫国家公园：保存了大熊猫栖息地面积 1.5 万平方千米，占全国大熊猫栖息面积的 58.48%，分布有野生大熊猫 1 340 只，占全国野生大熊猫总量的 71.89%，是世界生物多样性热点区（图 0-9）。

图 0-9 大熊猫国家公园

东北虎豹国家公园：地处亚洲温带针阔混交林生态系统的中心地带，是我国境内规模最大且唯一具有繁殖家族的野生东北虎、东北豹种群的定居和繁育区域（图 0-10）。

图 0-10 东北虎豹国家公园

海南热带雨林国家公园：拥有我国分布最集中、类型最多样、保存最完好、连片面积最大的大陆性岛屿型热带雨林，是海南长臂猿的全球唯一分布地，也是热带生物多样性的宝库（图 0-11）。

图 0-11 海南热带雨林国家公园

武夷山国家公园：世界文化与自然双遗产地，拥有同纬度保存最完整、最典型、面积最大的中亚热带森林生态系统，以及特色丹霞地貌景观和丰富的历史文化遗产，是世界著名的生物模式标本产地（图 0-12）。

图 0-12　武夷山国家公园

（1）国家公园的定义。国家公园是指由国家批准设立，以保护具有国家代表性的自然生态系统为主要目的，实现自然资源科学保护和合理利用的特定陆域或海域，是我国自然生态系统中最重要、自然景观最独特、自然遗产最精华、生物多样性最富集的部分。

（2）国家公园的理念。国家公园坚持的三大理念：①坚持生态保护第一；②坚持国家代表性；③坚持全民公益性。在生态价值上，国家公园是保护具有国家代表性的自然生态系统，具有全球价值和国家象征。在保护强度上，国家公园保护范围更大、生态过程更完整、管理层级更高。

（3）国家公园的特色。国家公园是将国家公园体制作为国家战略，确立国家公园在维护国家生态安全关键区域中的首要地位，实行最严格保护；将山水林田湖草沙冰作为一个生命共同体，并将这些自然区域承载的文化遗产、人文要素统筹考虑保护传承；肩负生态扶贫、经济发展、改善民生等重任，践行“绿水青山就是金山银山”的理念。

0.2.3　公园城市

2018 年 2 月，习近平总书记在成都视察时指出，天府新区是“一带一路”建设和长江经济带发展的重要节点，一定要规划好建设好，特别是要突出公园城市特点，把生态价值考虑进去，努力打造新的增长极，建设内陆开放经济高地。

微课：解析公园城市

（1）公园城市概念界定。公园城市≠公园＋城市，不能单纯看公园数量，更不是大建公园。公园城市是和城市公园相对应的概念，公园城市是覆盖全城市的大系统，城市是从公园中长出来的一组一组的建筑，形成系统式的绿地，而不是孤岛式的公园。

公园城市至少应该具备两大特征：一是普惠，提高全民生活品质；二是系统，将生态引入城市。不是在城市中建公园，而是把城市变成大公园。

公园城市作为全面体现新发展理念的城市发展高级形态，坚持以人民为中心、以生态文明为引领，将公园形态与城市空间有机融合，使生产、生活、生态空间相宜；是自然、经济、社会、人文相融合的复合系统，是人、城、境、业高度和谐统一的现代化城市，是新时代可持续发展城市建设的新模式（图 0-13）。

（2）公园城市本质内涵。公园城市的本质内涵可以概括为“一公三生”，即公共底板上的生态、生活和生产。“一公三生”也是“公”“园”“城”“市”四字所代表的意思的总和，奉“公”服务人民、联“园”涵养生态、塑“城”美化生活、兴“市”绿色低碳高质量发展。

（3）《公园城市评价标准》（T/CHSLA 50008—2021）（以下简称为《标准》）。《标准》综合考虑了公园城市新发展理念下各地城市突出存在的现状问题和未来发展需求，以问题导向、目标导向和可实施导向进行梳理，突出理念、机制、模式和治理创新。

图 0-13　公园城市的提出

《标准》明确了公园城市的科学内涵，以生态保护和修复为基本前提，以人民获得感、幸福感和安全感得以满足与不断提升为宗旨目标，以城市高品质有韧性、健康可持续发展和社会经济绿色高效发展为保障，最终实现人、城、园（大自然）三元互动平衡、和谐共生共荣。

公园城市评价标准是在研究确定公园城市的内涵、特征与宗旨目标的基础上，构建包含生态环境、人居环境、生活服务、安全韧性、特色风貌、绿色发展、社会治理 7 个大类、25 个中类的公园城市评价指标体系，为公园城市规划、建设、管理者把握城市新发展理念及实施对策提供理论基础与实践参考（图 0-14）。

《标准》将公园城市建设目标设置 3 个等级，分别为初现级、基本建成级和全面建成级。各地城市可通过对标自评，摸清家底，清楚地了解自身处于什么样的层级水平，再根据其自然资源与社会经济实力，合理设定公园城市建设的阶段性目标，基于《标准》指引有序推进公园城市建设。

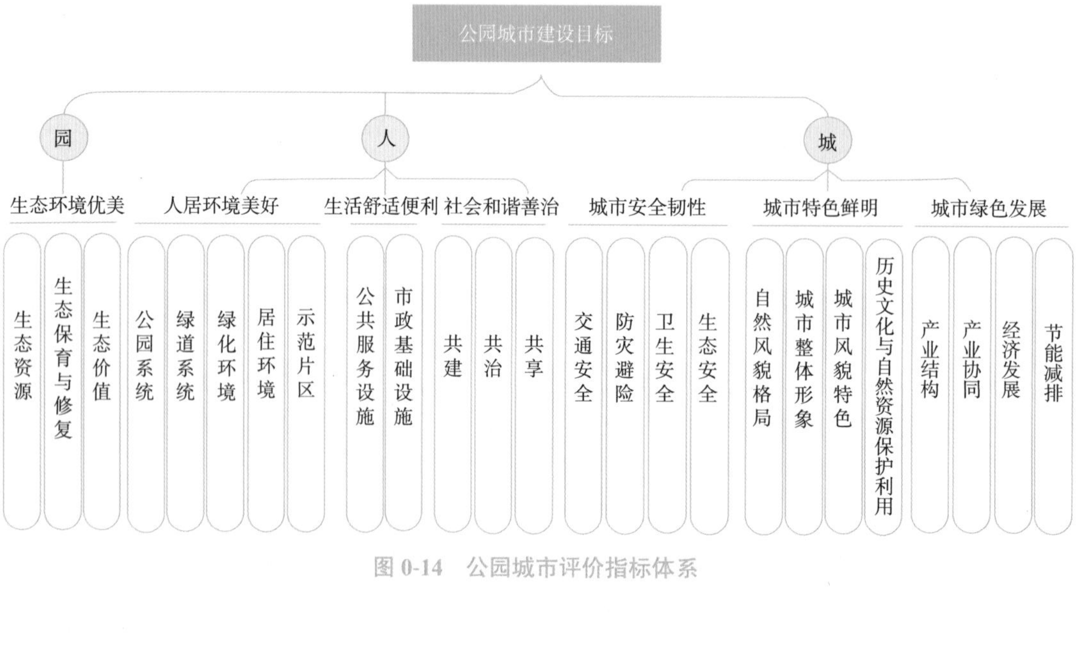

图 0-14　公园城市评价指标体系

任务 0.3　绿地规划的发展趋势

0.3.1　国外绿地规划发展历程

微课：国外绿地发展（形成期）

国外绿地发展经历了形成期、发展期、成熟期和反思期。

1. 国外绿地发展（形成期）

英国和美国的城市公园运动促进了国外城市绿地的萌芽和形成。

（1）英国城市公园运动。19 世纪之前，由于民主思想的发展，英国出现若干面向市民开放的公园，如海德公园（Hyde Park）、肯辛顿公园（Kensington Garden）、格林地公园（Green Park）、圣·詹姆斯公园（St.James Park）（图 0-15、图 0-16）、摄政公园（Regent Park）。这些公园原本为连续的狩猎场地，大多建在市区外围，形成了绿地空地，成为英国城市早期开放空间系统的雏形。

图 0-15　海德公园

图 0-16　圣·詹姆斯公园

① 摄政公园。1833—1843 年，英国议会通过了多项法案，准许动用税收来进行水道、环卫、城市绿地（意向图）等基础设施的建设。于 1838 年开放的摄政公园正是在这种背景下建设的，由建筑师约翰·纳什（John Nash）监督建造。摄政公园位于当时伦敦市区外围的避暑胜地玛利尔本（Marylebone）。公园设计体现了英国公园常用手法，配置了大面积水面、林荫道、开阔草地。

摄政公园的建设首次考虑了周边和伦敦市区环境的改造，它的成功使人们认识到将公园与居住区联合开发不仅可以提高环境质量与居住品质，还能够取得经济效益。这为英国城市公园的规划与建设带来了新的视点，并影响了其他国家，导致了新一轮建造城市公园广场的热潮（图 0-17）。

图 0-17　摄政公园

② 伯肯海德公园。伦敦以外，很多自治体城市开始建设公园，其中开发较为成功的是伯肯海德公园。英国利物浦市城市改良协会出资购买了公园用地，用一部分公园用地建设住宅，住宅的买卖所获得的资金用于公园建设，保证了财政来源，改变了公园绿地建设只有资金投入没有经济效益的观念，成为英国早期城市公园开发的典范，标志着第一个城市公园的正式诞生。

伯肯海德公园（Birkenhead Park，0.506 km^2）于 1847 年投入使用，面向社会各个阶层开放。公园由后来水晶宫的设计者帕克斯顿爵士设计，采取了当时罕见的马车道与人行道分离——人车分离的手法。这种手法对来英国参观的美国景观设计师——奥姆斯特德影响很大（图 0-18）。

小结：19 世纪英国的城市公园的开发主题、方法和功能与欧洲传统的园林有很大不同，主要表现在以下方面：传统园林由皇室与贵族所建，而城市公园的开发主体虽然也有英国皇室，但是大部分是由各个自治体自主开发；传统园林仅仅供皇室和贵族使用，而城市公园面向社会全体大众开放，即相对于传统园林，城市公园具有现实意义上的公共性；传统园林的功能在于提供贵族阶级娱乐的场所，公园则是顺应社会上改善城市卫生环境的要求而建造的，城市公园具有生态、休闲娱乐、创造良好居住与工作环境的功能，并且通过对工人居住环境的改善，在一定程度上缓和了城市社会矛盾；由于公园内交通量的增加，部分公园在设计上采取的人车分离手法，较好地解决了交通矛盾，成为后来城市规划与设计中普遍采用的方法。

（2）美国公园系统。

① 纽约中央公园。19 世纪 40 年代的纽约经历着前所未有的城市化，产生了包括传染病流行在内的一系列城市问题。1844 年 7 月，知识分子集体在纽约论坛发表文章，宣扬公园对于城市的意义。他们认为：纽约如果想成为可以与英国伦敦、法国巴黎相媲美的城市，必须拥有美丽的公园。

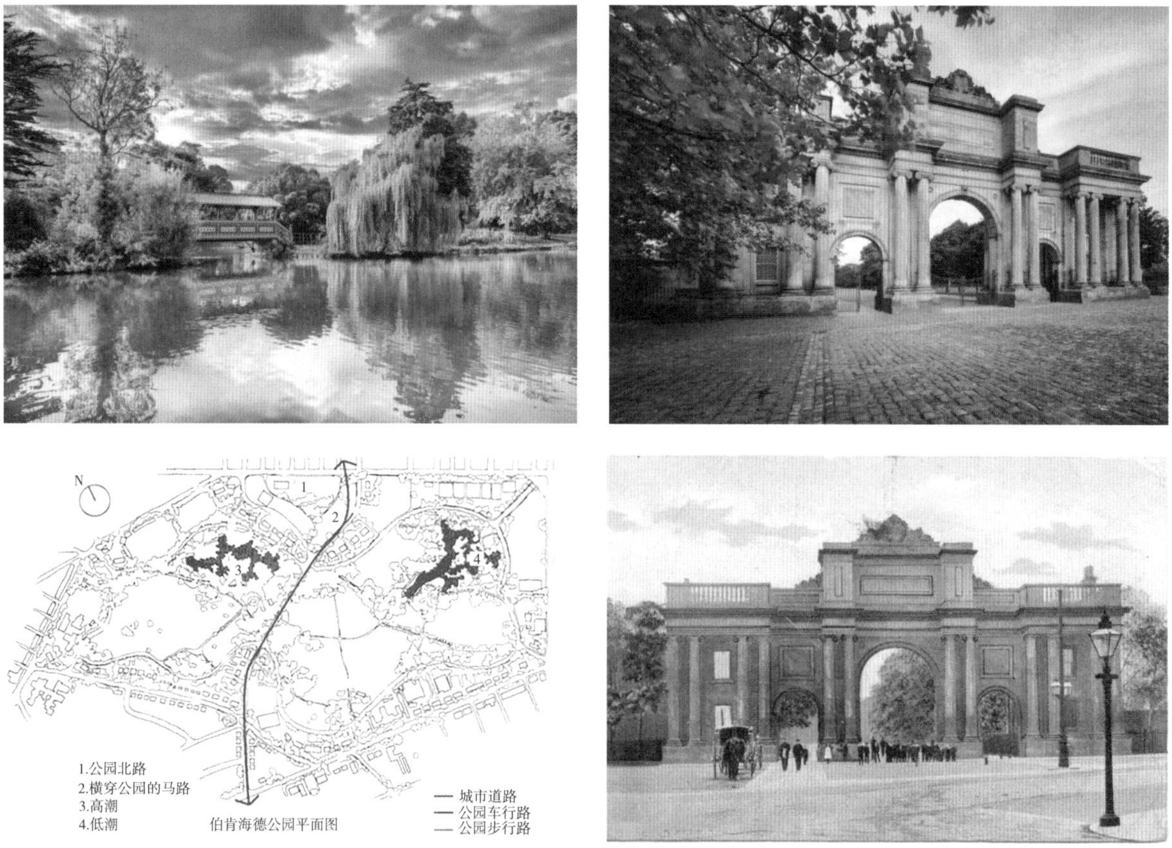

图 0-18 伯肯海德公园

在这一背景下，纽约州议会在 1851 年通过了《公园法》，并开始论证兴建纽约中央公园。1857 年 4 月，奥姆斯特德与沃克斯的“绿色草原”方案被审查委员会选中。经历了 17 年，该公园于 1873 年建成，占地面积 320 hm^2，南北长 4 km，东西宽 800 m，园内拥有大面积的草地、郁郁葱葱的树木、庭院、滑冰场、露天剧场、小动物园、网球场、运动场、美术馆等，为市民提供休闲的活动场所（图 0-19）。

纽约中央公园坐落在摩天大楼耸立的曼哈顿正中，占地 843 英亩（约为 3.41 km^2），是纽约最大的都市公园，也是纽约第一个完全以园林学为设计准则建立的公园。

奥姆斯特德总结了他的设计原则：保护自然景观，某些情况下，自然景观需要加以恢复或进一步加以强调（因地制宜，尊重现状）；除了在非常有限的范围内，应尽可能避免规则式（自然式规则）；保持公园中心区的草坪或草地；选用当地的乔灌木；大路和小路的规划应成流畅的弯曲线，所有的道路成循环系统；全园靠主要道路划分不同区域。

纽约中央公园的成功，极大地推动全美各地公园建设，如布鲁克林的希望公园、波士顿的富兰克林公园、芝加哥的杰克逊公园等，成为大公园建设的开端，同时也证明了公园建设具有连锁效应。

② 公园系统的诞生。继奥姆斯特德与沃克斯的希望公园建成后，推动了城市公园向公园系统的方向发展。**美国的公园系统**（Park Systems）是指公园，包括公园以外的开放绿地和公园路（Parkway）所组成的系统。通过将公园绿地与公园路的系统连接，达到保护城市生态系统，诱导城市开发向良性发展，增强城市舒适性的目的。

公园路：在美国伊斯顿建成第一条公园路——伊斯顿公园路。道路的总宽度是 78 m，中央是 20 m 宽的马车道，两侧种植了行道树，再往外面是人行道（图 0-20）。

图 0-19　纽约中央公园

1868 年，伊斯顿公园路建设之后，奥姆斯特德提出了公园路的概念，并在**布法罗**（Buffalo）道路形态的基础上，规划了公园路连接 3 个功能与面积不同的公园，建成了一个具有真正意义的较完整的公园系统（图 0-21）。

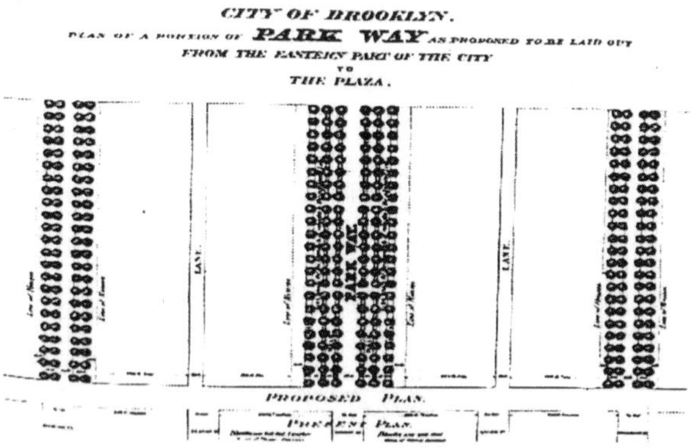

图 0-20　伊斯顿公园路

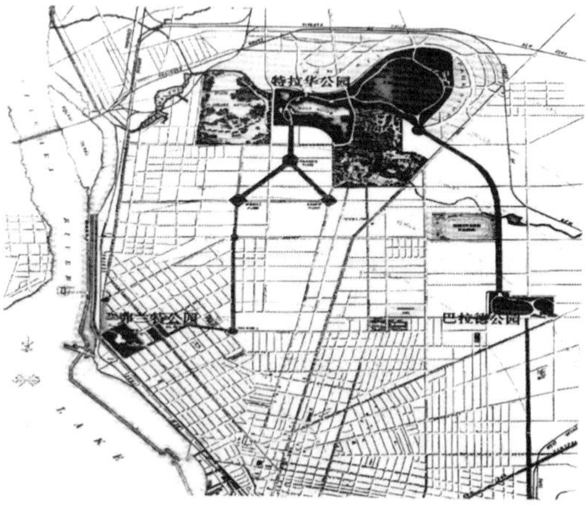

图 0-21　布法罗公园系统

（3）波士顿“翡翠项链”。波士顿公园系统从 1878 年开始建设，历经 17 年，到 1895 年已经基本形成现在的绿地格局。它是美国历史上第一个比较完整的城市绿地系统，后来被称作“翡翠项链”（图 0-22）。

它的特点：公园的选址和建设与水系保护相联系，形成了一个以自然水体保护为核心，将河边湿地、综合公园、植物园、公共绿地、公园路等多种功能的绿地联系起来的绿地系统。

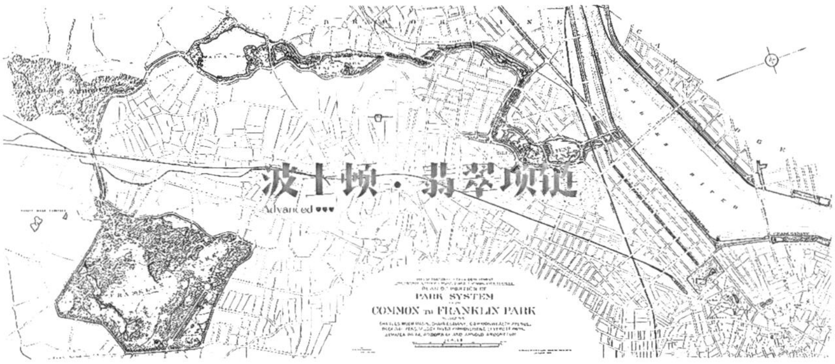

图 0-22　波士顿“翡翠项链”

2. 国外绿地发展（发展期）

19 世纪中叶，西方国家出现了一系列的城市化问题，导致城市环境不断恶化，于是，一些理论家开始探讨城市规划与改造的方向。

微课：国外绿地发展（发展期）

（1）田园城市。英国学者霍华德在《明天：一条引向改革的和平道路》一书中提出田园城市的理论：认为城市无限制的发展是城市矛盾产生的根源，应该设计一个高效城市生活与清净的乡村生活有机结合的规划方案，来创建一种城乡结合、人们充分接近大自然的新型城市——田园城市。他主张将农田、住宅、绿带、工厂进行交错的分布，被认为是最接近生态城市的雏形。霍华德对他的理想城市作了具体的规划，并绘成简图（图 0-23）。

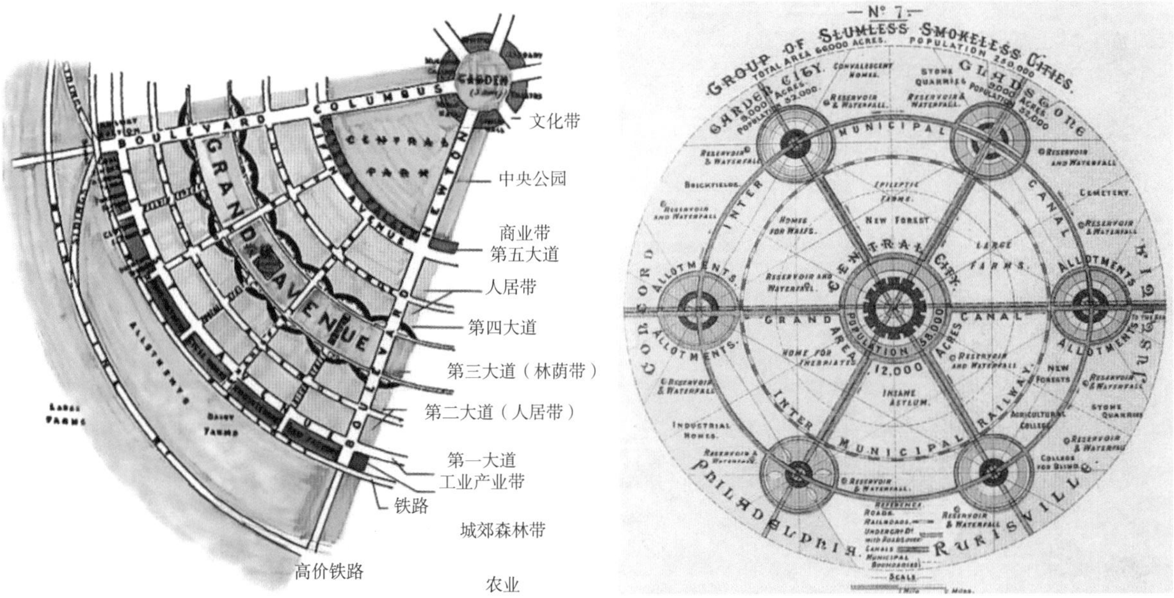

图 0-23　田园城市

①**从区域的层面上看**，田园城市是一系列围绕着中心城市的小城市。中心城市发展到一定规模（58 000 人，12 000 hm^2）就不再发展，而是向田园城市发展，每个田园城市有 32 000 人，占地 2 400 hm^2。这种多中心的组合被霍华德称为“社会城市”。

②**从市域的层面上看**，田园城市是城乡结合、共同发展的城市，中心城区为 400 hm^2，容纳

30 000 人，被容纳 2 000 人的外围郊区的 2 000 hm^2 永久性农业用地所环绕，如耕地、牧场、菜园、森林等。此外，在农业用地中还布置了农业学院、疗养院等福利机构。

③**从市区的层面上看**，田园城市由一系列的同心圆组成，中央是占地 58 hm^2 的公园，其中包括中心广场和位于其周边的市政厅、音乐演讲厅、剧院等，有 6 条主干道由中心向外辐射，把城市分为 6 个区（图 0-23），5 条环路的中间一条是宽 130 m 的林荫大道，学校、教堂等为居住区服务的公共设施都建在林荫大道的绿化中。城市的最外圈地区建设各类工厂、仓库、市场，一面对着最外层的环形道路，另一面是环状的铁路支线，交通运输十分方便。

霍华德认为，城市必须与田舍结合，从这种结合中能够产生新的希望、新的生活、新的文明。田园城市的本质特征就在于，其土地不被个人所有所分割，是公有的、低密度的；有控制地发展；田园城市是田园和城市内部的家庭、工业、市场及行政、社会福利设施等各种功能结合的组合概念。田园城市的理论受到广泛关注，并被付诸实践。1902 年，在位于伦敦东北 64 km 处建立了第一座田园城市——莱奇沃思（图 0-24）。1920 年，在位于伦敦背面 36 km 处建立了第二座田园城市——韦林（图 0-25）。

图 0-24　莱奇沃思

图 0-25　韦林

（2）带状城市。1882 年，西班牙工程师索里亚・伊・马塔（Arturo Soria Y Mata）在马德里出版的《进步》杂志上，发表了他“带状城市”的设想。城市应有一条宽阔的道路作为脊椎，城市宽度应有限制，但城市长度可以无限；沿道路脊椎可布置一条或多条电气铁路运输线，可铺设供水、供电等各种地下工程管线。最理想的方案是沿道路两边进行建设，城市宽度 500 m，城市长度无限。

城市沿一条交通干道发展，交通干道宽 40 m，用地两侧为宽 100 m、布局不规则的公园和林地。城市建筑用地总宽约 500 m，每隔 300 m 设一条 20 m 宽的横向道路，联系干道两旁的用地。马塔于 1882 年在西班牙马德里外围建设了一个 4.8 km 长的带状城市，后又于 1892 年在马德里周围设计一条有轨交通线路，联系两个原有城镇，构成一个长 58 km 的马蹄状的带状城市（图 0-26）。

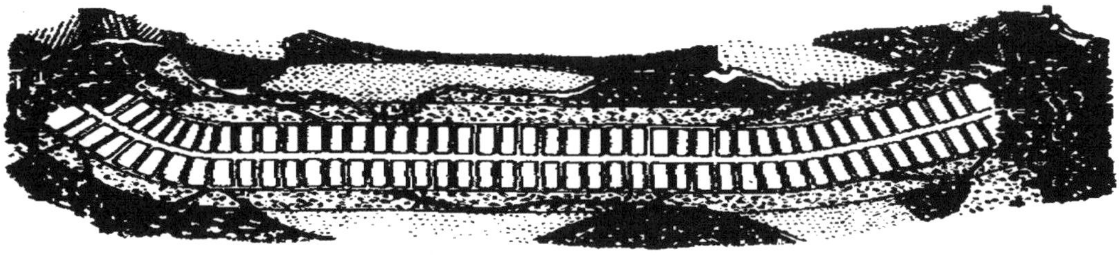

图 0-26　带状城市

（3）光明城市。勒・柯布西耶于 1922 年发表了《明日城市》（The City of Tomorrow）一书，较全面地阐述了他对未来城市的设想：在一个人口为 300 万的城市里，中央是商业区，有 24 座 60 层的摩天楼提供商业商务空间，并容纳 40 万人居住；60 万人居住在外围的多层连续板式住宅中，最外围是供 200 万人居住的花园住宅。整个城市尺度巨大，高层建筑之间留有大面积的绿地，城市外围还设有大面积的公园，采用高容积率、低建筑密度来达到疏散城市中心、改善交通、为市民提供绿化活动场地的目的。整个城市平面呈现出严格的几何构图特征并交织在一起，犹如机器部件一样规整而有序（图 0-27）。

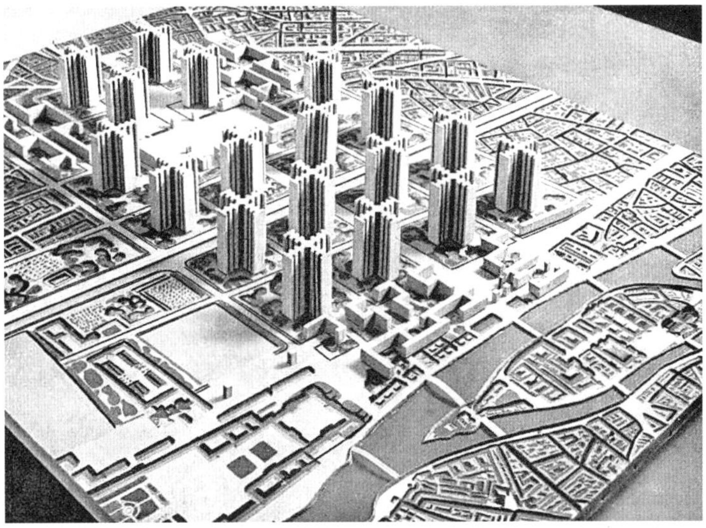

图 0-27　光明城市

（4）广亩城市。广亩城市是美国建筑帅赖特（Frank Lloyd Wright）在 20 世纪 30 年代提出的城市规划思想。1932 年，赖特的著作《正在消灭中的城市》（The Disappearing City）及随后发表的《宽阔的田地》中的“广亩城市”（Broadacre City）（图 0-28）是他的城市分散主义思想的总结。他的广亩城市实质上是对城市的否定。用他的话说，是一个没有城市的城市。他认为大城市应让其自行消灭，建议取消城市而建立一种新的、半农田式组团——广亩城市。

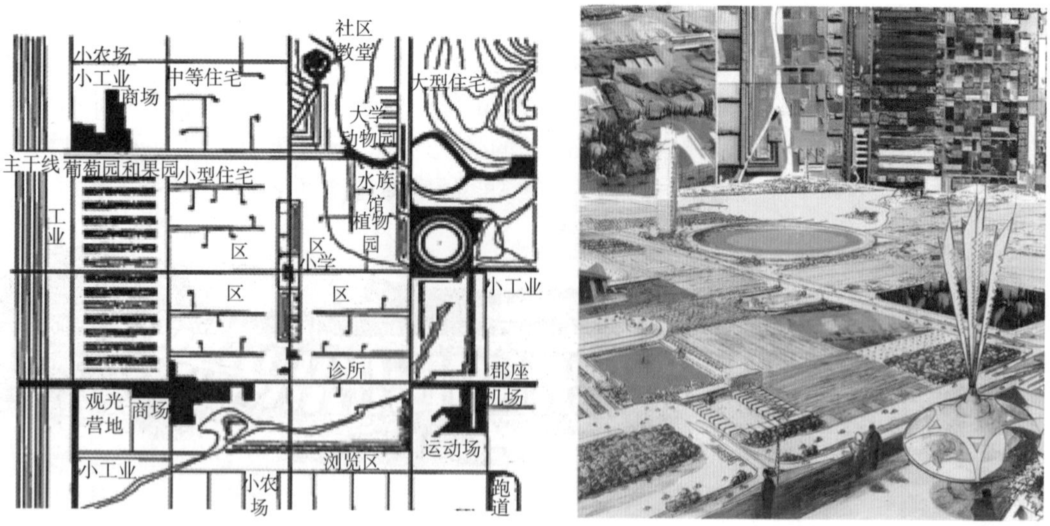

图 0-28　广亩城市

（5）伊利尔·沙里宁的有机疏散理论。1942 年，为缓解由于城市过分集中所产生的弊病，伊利尔·沙里宁在《城市——它的发展、衰败与未来》一书中提出有机疏散理论。他认为城市是一个有机体，是和生命有机体的内部秩序一致的，不能任其自然增长，而应把城市的人口和工作岗位分散到可供合理发展的离开中心的地域上去。他将城市活动划分为日常性活动和偶然性活动，认为“对日常性生活进行功能性的集中”和“对这些集中点进行有机的分散”两种组织方式，能够使原先密集城市得以实现有机疏散。有机疏散就是把传统大城市那种拥挤成一整块的形态在合适的区域范围分解成若干个集中单元，并把这些单元组织成为“在活动上相互关联的有功能的集中点”，它们彼此之间用保护性的绿化地带隔离开来。这些城市与自然的有机结合原则，对以后的城市绿化建设具有深远的影响（图 0-29）。

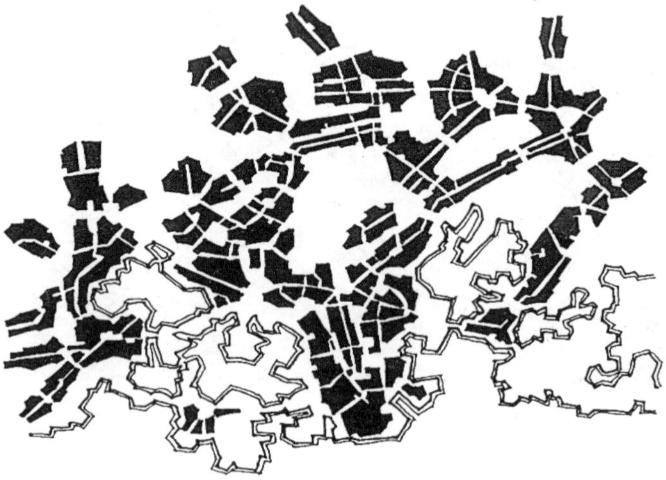

图 0-29　伊利尔·沙里宁的有机疏散理论

3. 国外绿地发展（成熟期）

20 世纪 30 年代，战争结束后，西方各国有计划、有条理地进行城市的修复和重建。

（1）伦敦环状绿带。英国是较早建设环状绿带的国家，霍华德的追随者莱蒙德·恩温（Raymond Unwin）发展了霍华德田园城市的思想，在曼彻斯特南部进行了以城郊居住为主要功能的新城建设实践，总结归纳为“卫星城”理论，并于 1922 年，在《卫星城镇建设》书中正式表达了“卫星城镇”理论思想。

1927 年，恩温在编制大伦敦区域规划时建议：用一圈绿带把现有的城市地区圈住，不让其再往外发展，而把多余的人口和就业岗位疏散到一连串的“卫星城镇”中去（图 0-30）。

1933 年，恩温提出了“绿色环带”（Green Circle）的规划方案，绿带宽 3 ～ 4 km，呈环状围绕于伦敦城区外围，其用地包括林地、牧场、乡村、公园、果园农田、室外娱乐用地、教育科研用地等（图 0-31）。

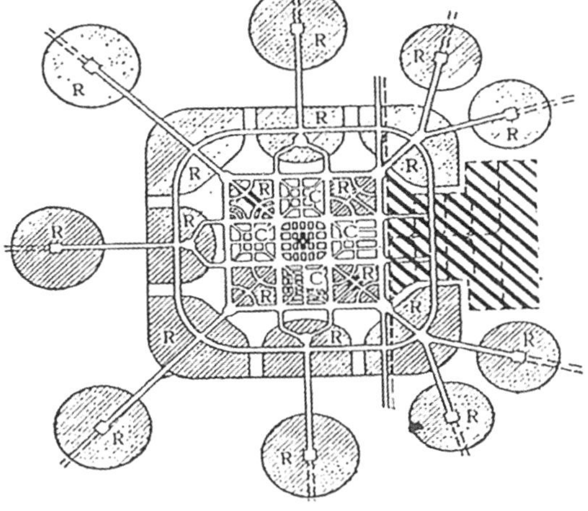

C–中心区；R–中心城与卫星城住宅区

图 0-30　大伦敦区域规划

图 0-31　伦敦绿带规划（1933）

1938 年，英国政府颁布《绿带法》（Green Belt Act），标志着伦敦拉开了大规模的绿带建设，并通过国家购买城市边缘地区的农业用地来保护农村和城市环境免受城市过度扩张的侵害。

1944 年，艾伯克隆比发布《大伦敦规划》（图 0-32），大伦敦区域规划以分散伦敦城区过密人口和产业为目的，在伦敦行政区周围划分了 4 个环形地带，从内到外分别为内城环（inner urban ring）、近郊环（suburban ring）、绿带环（green belt ring）和农业环（outer country ring）。在《大伦敦规划》中，通过公园路连接绿带和伦敦市区的公园绿地，形成区域性绿地系统。

1947 年，英国颁布的《城乡规划法》为绿带的实施奠定了法律基础，英国各地的绿地规划逐步完成，并进入了稳定期（图 0-33）。

（2）美国绿带新城。1929 年美国人科拉伦斯·佩里（Clarence Perry）创建了“邻里单元”（Neighbourhood Unit）理论。邻里单元理论包括以下 6 个要点：根据学校确定邻里的规模；过境交通大道布置在四周形成边界；邻里公共空间；邻里中央位置布置公共设施；交通枢纽地带集中布置邻里商业服务；不与外部衔接的内部道路系统。以“邻里单元”理论规划的新城有 1929 年在美国新泽西州规划的雷德伯恩（Radburn）新城（图 0-34），以及 20 世纪 30 年代位于美国马里兰州、俄亥俄州、威斯康星州和新泽西州的 4 个绿带城。主要规划特点：人车分离，住宅组团布置，支路形成尽端式，绿地与开放空间相互贯通，成为完整体系。

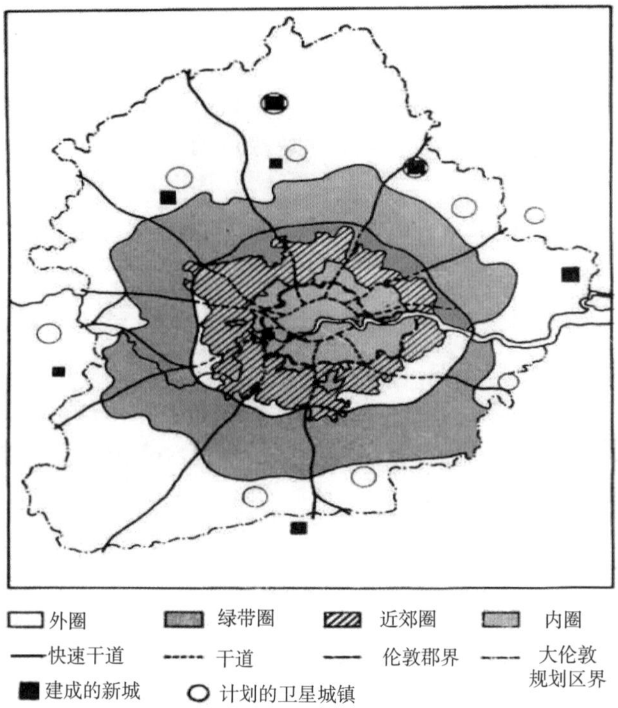

图 0-32　大伦敦规划示意

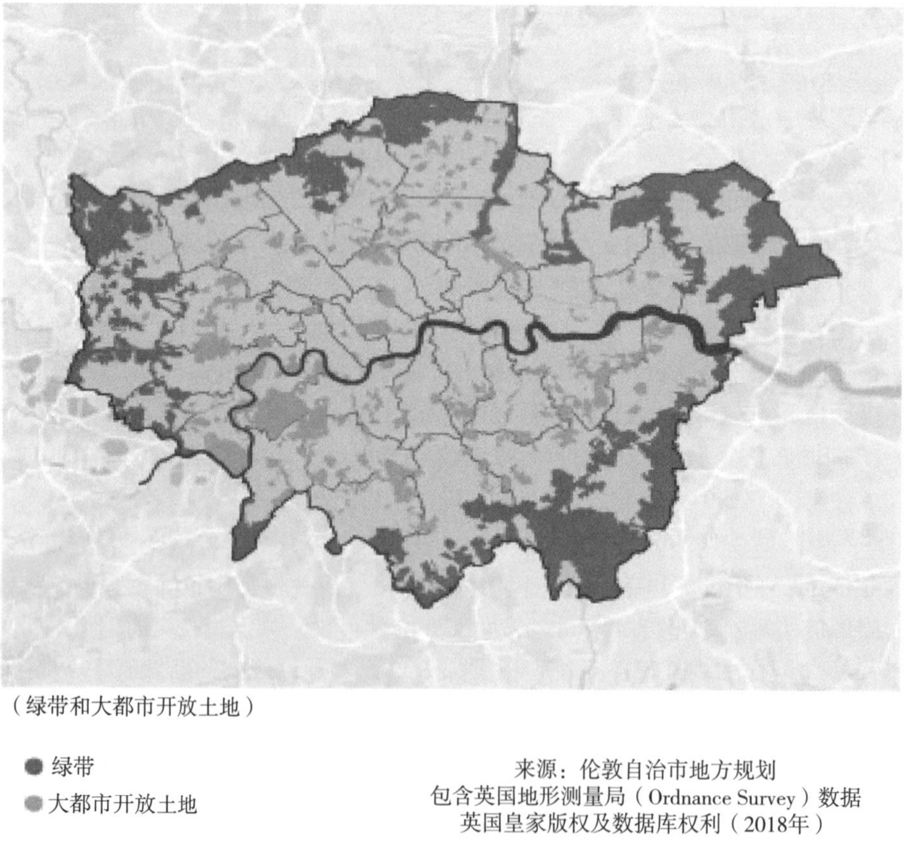

图 0-33　大伦敦规划（1944 年）

图 0-34　雷德伯恩新城

（3）日本公园绿地。1923 年的关东大地震给日本首都东京市带来了极大破坏。在作为城市复兴规划的“帝都复兴计划”中，首次提出了公园绿地配置的规划方案，并得到了全面实施。很快在东京、横滨等地先后诞生了 6 个大公园和 512 个小公园，行道树、滨河绿地和花园林荫道也不同程度地进行了建设。

在欧美的绿地规划和广域城市规划思想的影响下，**1932—1939 年**，日本首次编制了“东京绿地规划”，这项规划除公园绿地外，还包括环状绿带、自然公园等其他绿地的内容。这是日本最初的一项涵盖范围较广的城市绿地专项规划。

1940 年在修订的《都市计画法》中，绿地作为新增的城市设施直接由城市规划来决定。1956 年，为了完善公园法律体系，公布了以城市规划范围内的公园绿地为对象的《都市公园法》。《都市公园法》的主要内容：确定都市公园的配置、规模、设施等技术性的标准（图 0-35）；确定公园用地内的建筑密度为 2%，运动设施用地面积不得超过公园面积的 50%；制定都市公园管理和运营方法；赋予公园管理者以制定、收集、更新、保存关于公园的各种资料的义务；明确国家提供公园的建设资金(全部或一部分)；确定都市公园人均面积为 6 m^2 等。

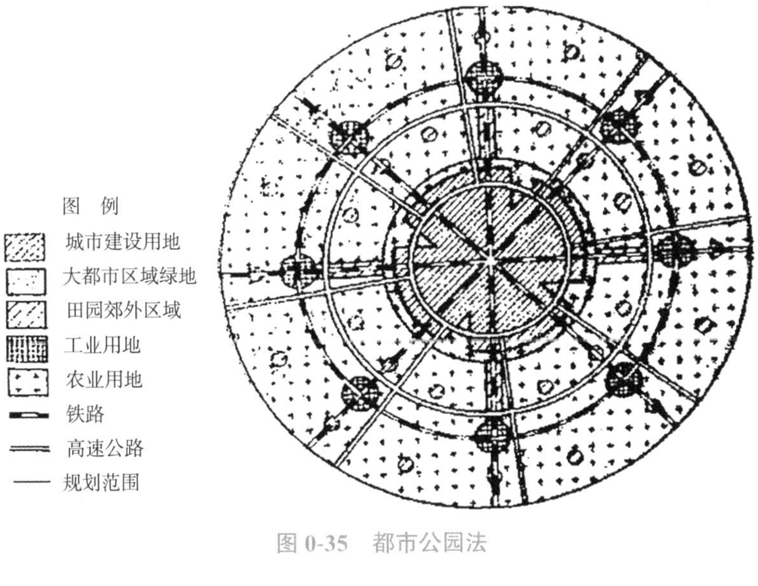

图 0-35　都市公园法

4. 国外绿地发展（反思期）

第二次世界大战后，人类经济和社会规划进入了快速的膨胀期。由于各国在发展经济时没有重视环境问题，因此付出了惨重的代价。

（1）生态规划思想。这一时期，规划思想逐步引入了生态学的观点。较早提出系统运用生态手法进行规划的是美国宾夕法尼亚大学的伊恩·伦诺克斯·麦克哈格（Ian Lennox McHarg）。他在**1969 年出版的著作《设计结合自然》**中，提出了自然价值的概念和运用叠加法分析评价环境状况。**叠加法是**指将现状绿地、排水系统、水文、表层土壤分布、野生动植物分布等自然条件和状况制作成图纸，通过将这些图纸重合叠加，达到综合把握图纸所表现的各类相关环境条件之间关系的目的。麦克哈格的方法是生态的规划分析法，即指规划应该在充分掌握各种自然条件和相关关系的基础上制定，规划的结果和产生的开发活动不应对环境和生态系统产生严重破坏（图 0-36）。

微课：国外绿地发展（反思期）

之后，拉尔鲁（Lyle）和特纳（Tuener）继承了麦克哈格的生态方法思想，将绿地规划和自然生态系统保护相结合。其中，拉尔鲁在 1985 年出版的《设计人类的生态系统》一书中提出了以生态保护为目的的绿地空间系统的 4 种配置模式，而特纳在 1987 年提出了 6 种绿地配置模式。

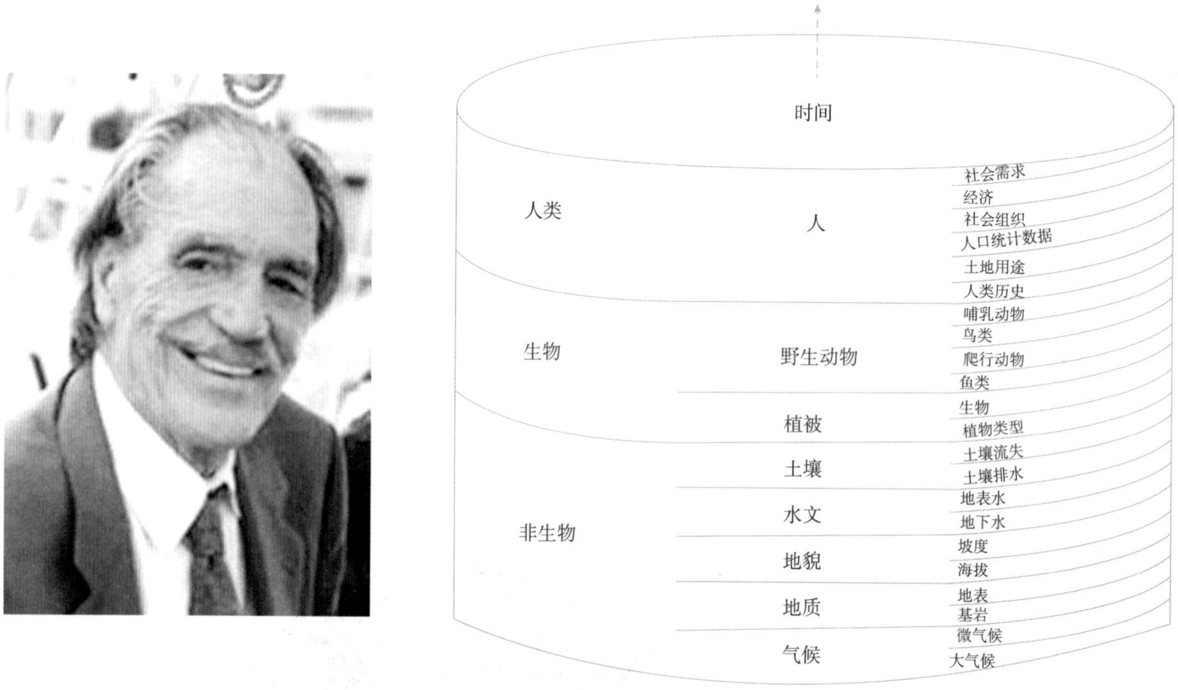

图 0-36　麦克哈格和叠加法

（2）生态城市。生态城市这一概念是在 20 世纪 70 年代联合国教育科学及文化组织发起的“人与生物圈”（MAB）计划研究过程中提出的，一经出现，立刻就受到全球的广泛关注。关于生态城市概念众说纷纭，至今还没有公认的确切的定义。

苏联生态学家杨尼斯基认为生态城市是一种理想城模式。其中，技术与自然充分融合，人的创造力和生产力得到最大限度的发挥，而居民的身心健康和环境质量得到最大限度的保护（图 0-37）。生态城市应满足以下八项标准：其一，广泛应用生态学原理规划建设城市，城市结构合理、功能协调；其二，保护并高效利用一切自然资源与能源，产业结构合理，实现清洁生产；其三，采用可持续的消费发展模式，物质、能量循环利用率高；其四，有完善的社会设施和基础设施，生活质量高；

其五，人工环境与自然环境有机结合，环境质量高；其六，保护和继承文化遗产，尊重居民的各种文化和生活特性；其七，居民的身心健康，有自觉的生态意识和环境道德观念；其八，建立完善的、动态的生态调控管理与决策系统。

图 0-37　生态城市

（3）生态网络和绿道。

① 生态网络。从生态学意义上来说，隔离是欧洲西北部农业景观的一个重要特征。现存的景观被人造的动态栖息地所支配，而其他一些栖息地及其中的种群往往缺乏动态性，规模小，且被孤立出来。栖息地被隔离且逐渐减少，这就降低了自然物种存活的可能，即使是那些幸存下来的种群也很难保持均衡的状态。解决这一问题的方法就是通过生态网络来重新建立生态一致性。

生态网络可定义为由自然保护区及其之间的连线所组成的系统，这些连接系统将破碎的自然系统连贯起来。生态网络由核心区域（Core area）、缓冲带（Buffer zones）和生态廊道（Ecological corridors）组成。相对于非连接状态下的生态系统来说，生态网络能够支持更加多样的生物。

对于生态网络的规划实践在北美和欧洲不完全相同。北美的生态网络规划实践主要关注乡野土地、未开垦土地、开放空间、自然保护区、历史文化遗产及国家公园的生态网络建设，其中多是以游憩和风景观赏为主要目的。而欧洲的生态网络规划实践把更多的注意力放在如何在高强度开发的土地上减轻人为干扰和破坏，进行生态系统和自然环境保护，尤其是在生物多样性的维持、野生生物栖息地的保护及河流的生态环境恢复上（图 0-38）。与北美的实践相比，欧洲较少考虑到生态网络的历史及文化资源保护功能。

图 0-38　生态网络（北美和欧洲）

② 绿道。在建设生态网络基础上，人们开始广泛关注绿道，将其作为开放空间规划的中心。绿道发展历史悠久，在一个多世纪以前绿道就已经成为景观的重要组成部分。通常将绿道的最早探索归功于美国威斯康星大学的景观建筑学教授和实践者菲利浦·刘易斯（Philip Lewis）。他在威斯康星州

户外休闲计划的经典研究项目中，将超过 90% 的资源均沿着称为“环境廊道”的廊道集中分布。之后，1993 年纽约市的绿道规划和 1999 年由马萨诸塞州大学景观与区域规划系的 3 位教授领衔的新英格兰地区绿道远景规划也可谓成功的典型案例（图 0-39、图 0-40）。

图 0-39　威斯康星州户外休闲计划

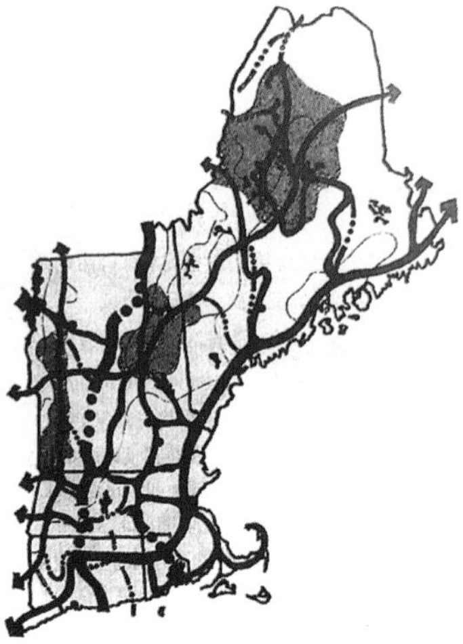

图 0-40　美国新英格兰绿道远景规划

目前，绿道被定义为为了多种用途（包括与可持续土地利用相一致的生态、休闲、文化、美学和其他用途）而规划、设计和管理的，由线性要素组成的土地网络。该定义强调了五点：其一，绿道的空间结构是线性的；其二，连接是绿道的最主要特征；其三，绿道是多功能的，包括生态、文化、社会和审美功能；其四，绿道是可持续的，是自然保护和经济发展的平衡；其五，绿道是一个完整线性系统的特定空间战略。

绿道虽然可以出现在城市内部，表现为各种线形的绿色空间，但其真正的意义在于打破城乡界限，将城市融入乡村，让乡村渗透城市，既是自然要素的连接，也是生活方式的融合，以绿道为载体，城市绿地超越了物质形态，成为社会与文化的代言，城市绿地系统规划也从物质的规划走向物质与精神兼顾的规划。

0.3.2　国内绿地规划发展历程

1. 国内绿地发展理论

国内绿地发展主要分为苏联的绿色城市、山水城市、园林城市和国家生态园林城市四个部分。

微课：国内绿地发展（思想）

（1）苏联的绿色城市（图 0-41）。20 世纪 50 年代，我国效仿苏联模式，城市规划成为一种社会产品地再分配方法，在“以苏为师”的国家战略体制下，城市规划不可避免地走上了仿照苏联模式的道路。苏联模式具有刚性保障传统，通过定额指标、设施配套标准的制定，将城市空间资源的分配限定在合理的经验范围之中，主要体现在以下四点。

①城市绿地布局要贯彻点、线、面相结合的原则。

②重点发展城市公共绿地以满足市民的日常游憩、生活的需要。

③城市绿地规模要按照大小分级管理、就近服务并依规划持续分期建设。

④尽量满足国家有关城市规划中的绿地系统规划的定额指标。

图 0-41　苏联的绿色城市

（2）山水城市。1990 年，钱学森在给清华大学教授吴良镛的信中，提出了创立山水城市的概念。1992 年，钱学森将这一理念扩充并深入，他提出把整个城市建设成为一座超大型的园林，并建议开一个山水城市的讨论会。

1993 年，钱学森指出城市的规划设计者可以布置大片的森林，让小区的居民可以散步、游憩，如果每个居民平均有 70 m^2 的林地，那就可以和乌克兰的基辅、波兰的华沙、奥地利的维也纳、澳大利亚的堪培拉相比，称得上是森林城市。山水城市的提出是中外文化的有机结合，是城市园林与城市森林的结合。

2010 年之后，山水城市的概念在风景园林行业中再次得到认识和思考。这一概念源于中国传统文化和历史，蕴含了中国古典园林艺术的精华和“天人合一”的哲学思想，融合了现代的“可持续发展观、生态学、理想主义”，迎合了人们回归自然的思潮。其包含三个层面的含义：其一，园林只是山水中的一部分，山水是人与自然统一的、天人合一的境界；其二，城市是人民的居住点或区域，是由人的社会活动需要形成的，要强调自然环境与人工环境的协调发展；其三，城市建设要将中外文化和技术结合起来，将传统与未来结合起来。

（3）园林城市。园林城市是建设部在 1992 年为推进城市园林绿化建设，提高城市建设管理水平而建立的一项以反映城市综合生态环境质量为内容的称号命名，这个评选和命名一直延续到今天。国家园林城市评定有一系列相关的标准，由建设部通过审查各项指标，结合实际的城市建设来给予评定和命名。主要包括以下六个方面：

①城市绿化的组织和绿地资源的管理；

②城市自然风貌、历史古迹和古树名木等景观的保护；

③包括道路、居住区、单位等的绿化建设；

④公园、广场、绿地等的园林建设；

⑤主要是在节能环保、生态保护等方面的生态环境建设；

⑥公共交通、道路、照明灯市政设施普及率。

根据《住房和城乡建设部关于印发国家园林城市申报与评选管理办法的通知》（建城〔2022〕2 号）中附件《国家园林城市评选标准》，主要包括以下核心指标：

①城市绿地率：要求建成区内各类绿地面积占建成区总面积的百分比达到 40% 以上，其中城市各城区的最低值不低于 25%。

②城市绿化覆盖率：要求建成区内所有植被的垂直投影面积占建成区总面积的百分比达到 41% 以上，其中乔灌木占比不低于 60%。

③人均公园绿地面积：要求建成区内城区人口人均拥有的公园绿地面积不少于 12 m^2/ 人，城市各

城区最低值不低于 5 m²/ 人。

④公园绿化活动场地服务半径覆盖率和城市绿道服务半径覆盖率：分别要求达到 85% 和 60% 以上。

（4）国家生态园林城市。在园林城市的基础上进一步提出了国家生态园林城市的称号，2004 年原建设部提出把创建“生态园林城市”作为建设生态城市的阶段性目标，印发《创建“生态园林城市”》实施意见的通知，并进行了试点活动。

2007 年，原建设部为全面落实科学发展观，建设资源节约型、环境友好型社会，进一步推出了国家生态园林城市创建工作，并确定了青岛、南京、杭州、威海、苏州等城市作为国家生态园林城市的试点城市。

经过十多年的建设，很多城市已经成功的申报了这一称号。国家生态园林城市的一般性要求主要体现在以下七个方面：其一，城市的性质、功能、发展目标定位准确，编制了科学的城市绿地系统规划，并纳入了整体城市总体规划，制订了一个完整的生态发展战略、措施和行动计划。其二，城市与区域的协调发展，有良好的市域生态环境，形成了完整的城市绿地系统。其三，城市人文景观和自然景观和谐的融通，继承和保持独特的城市人文自然景观。其四，城市各项基础设施完善。其五，要具有良好的城市生活环境，城市配套设施完善、环保控制较好，居民对本市的生态环境满意度较高。其六，社会各界和市民积极地参与公共政策和措施的制定与实施。其七，规范执行国家和地方有关城市规划、生态环境保护法律法规，持续改善生态环境和生活环境。

除以上七个方面的一般性要求外，在具体实施申报的过程中，还有一系列的标准和指标，总结起来主要为本土化物种应用、城市环境效应、环保治理和配套设施普及等。

2. 国内绿地发展实践

（1）中华人民共和国成立前我国城市绿地状况。我国的城市公共绿地建设起步较晚，第一个城市公园是 1868 年在上海建成开放的外滩公园（图 0-42），后改名为黄浦公园，全园面积 2.03 hm²，两面临水，视野开阔，以其得天独厚的地理位置和优美的园景成为上海最享盛名的游览地之一。

微课：国内绿地发展（实践）

类似兴建的租界公园还有上海的虹口公园（1902 年）、法国公园（1908 年）和天津的法国公园（今中心公园，1917 年）（图 0-43）等。这些公园为众多游人提供社交、娱乐、运动、休息等功能，展示了与我国封建社会的古典园林迥然不同的面貌，成为后来国人营造公园的一种借鉴。

图 0-42　上海外滩公园

图 0-43　天津法国公园

20 世纪二三十年代，中国的民族资产阶级有较大的发展，到抗日战争前夕，我国一些主要城市兴建了一批城市公园，如北京先农坛公园、中央公园（今中山公园）、颐和园、北海公园（图 0-44）和中南海公园；南京的秦淮公园、白鹭洲公园、莫愁湖公园、五洲公园（今玄武湖公园，图 0-45）、

模块1　总论–城市绿地系统规划

项目1 绿地总体布局

教学单元设计			
课程名称	园林绿地规划	授课对象	
授课单元	绿地总体布局	单元课时	8 课时
授课地点	多媒体教室	讲授形式	混合式教学方法
任务驱动	传统文化融入教学内容案例：召开以“**《周礼》中匠人营国与国土空间规划、辨方正位·体国经野**”为主题的讨论会，在历史与现代规划思想的碰撞中，传承传统文化，认识传统《周礼》中的规划理念；通过“你心目中的公园城市？”主题讨论，让学生了解我国青岛、成都、北京、上海等现代大城市的城市绿地建设情况，构建学生对美丽中国、公园城市的直观印象		
文化元素	**清源**：美丽中国理念；绿水青山理念；公园城市理念		
知识要点	1. 城市绿地的分类。 2. 绿地指标定额与计算。 3. 绿地规划结构与布局		
学情分析	通过前续课程“园林制图”“园林设计初步”“效果手绘表达”的学习，学生已经积累了一定的专业认知，但未建立对绿地系统的宏观思维和规划思维		
教学目标	1. 知识目标：掌握城市绿地分类、绿地指标定额、绿地结构布局。 2. 能力目标：具备城市绿地系统总体规划的能力。 3. 素质目标：培养学生宏观思维和规划思维的能力		
重点难点	教学重点：绿地的分类统计、指标定额和指标计算。 教学难点：城市绿地系统总体布局		
教学策略	根据教学模块内容，以培养系统规划思维能力为出发点，通过系统性 + 碎片化相结合的教学方法，进行线上 + 线下混合式教学，达成教学目标		

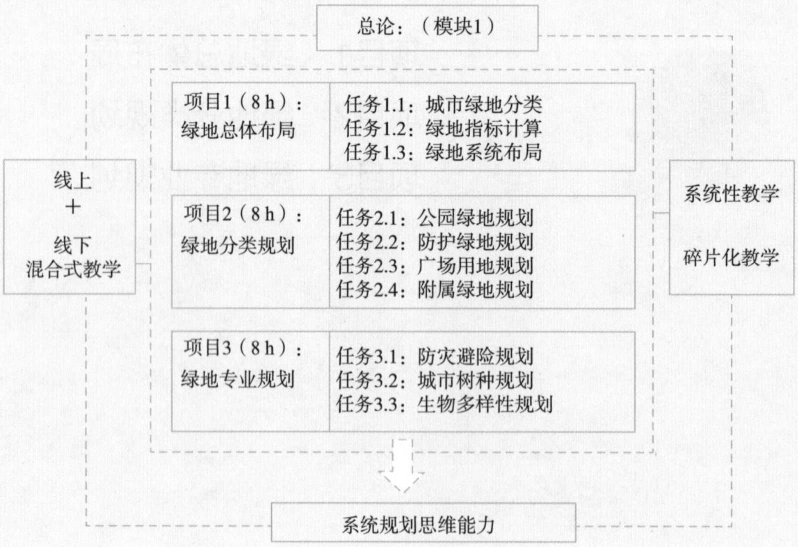

续表

教学评价	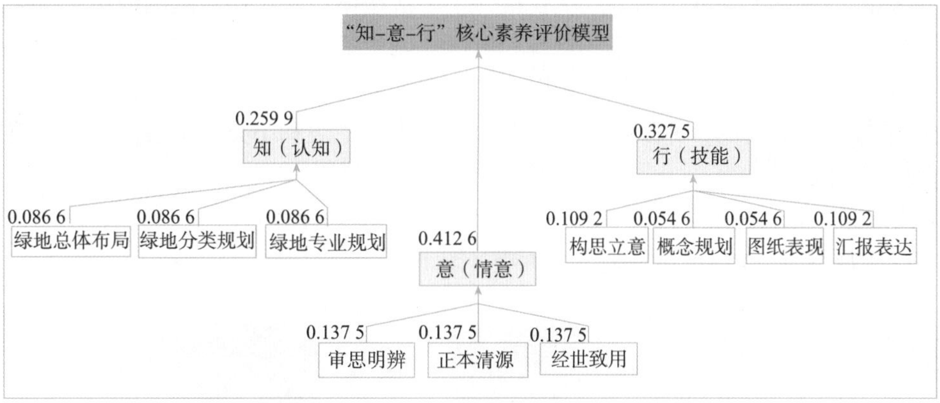

任务 1.1　城市绿地分类

1.1.1　总则

（1）城市绿地系统规划的任务。城市绿地系统规划的任务主要体现在以下几个方面。

①根据当地实际自然、人文条件和发展前景，确定该城市绿地系统规划的原则。

②在城市总体规划框架内合理布局，选择各类园林绿地的位置、范围、面积和性质，并根据国民经济发展计划、建设速度和水平，统计调整绿地的各类指标。

③在城市绿地系统规划的前期阶段，及时提出调整、改造、提高、充实的意见。保证绿地计划的实施顺利进行。

④整理城市绿地系统规划的图纸文件。

⑤对拟建设的城市绿地提出示意图、规划方案及设计任务书，在绿地的性质、位置、规模、环境、服务对象、布局形式、主要设施项目、建设年限等，做出详细的细节规划。

（2）城市绿地系统规划的内容。城市绿地系统规划应该包括以下主要内容。

①城市概况及现状分析：包括自然条件、社会条件、环境状况和城市基本概况等；绿地现状与分析包括各类绿地现状统计分析。城市绿地发展优势与动力、存在的主要问题与制约因素等。

②规划总则：包括规划编制的意义、依据、期限、范围与规模、规划的指导思想与原则、规划目标与规划指标。

③规划目标与规划指标：包括城市绿地系统的发展目标和相关指标。

④市域绿地系统规划：阐明市域绿地系统规划结构与布局和分类发展规划，构筑以中心城区为核心，覆盖整个市域，城乡一体化的绿地系统。

⑤城市绿地系统规划结构布局与分区规划：城市绿地系统规划应置于城市总体规划之中，按照国家和地方有关城市园林绿化的法规，贯彻为生产服务、为生活服务的总方针，布局原则应遵守城市绿地规划的基本原则。

微课：城市绿地分类

1.1.2　绿地分类

《城市绿地分类标准》（CJJ/T 85—2017）首先将城市绿地的概念进行了更为详细的

阐述，城市绿地是指在城市行政区域内，以自然植被和人工植被为主要存在形态的用地。并在2002版分类标准的基础上补充了两个层次：第一个层次是城市建设用地范围内用于绿化的土地，第二个层次是城市建设用地之外，对生态、景观和居民休闲生活具有积极作用、绿化环境较好的区域。这个标准广泛适用于绿地的规划、设计、建设、管理和统计等工作。绿地分类标准是与城市用地分类和规划建设用地标准相对应的，并依据绿地功能分为大类、中类和小类三个层次，绿地类别用英文字母和阿拉伯数字组合表示。

《城市绿地分类标准》（CJJ/T 85—2017）将绿地主要分为G1公园绿地、G2防护绿地、G3广场用地、XG附属绿地、EG区域绿地五个大类（图1-1）。

图1-1　城市绿地分类

（1）G1公园绿地：向公众开放，以游憩为主要功能，兼具生态、景观、文教和应急避险等功能，有一定游憩和服务设施的绿地。它包含综合公园、社区公园、专类公园、游园4个中类。其中，专类公园又包含动物园、植物园、历史名园、遗址公园、游乐公园和其他专类公园多个小类（图1-2）。

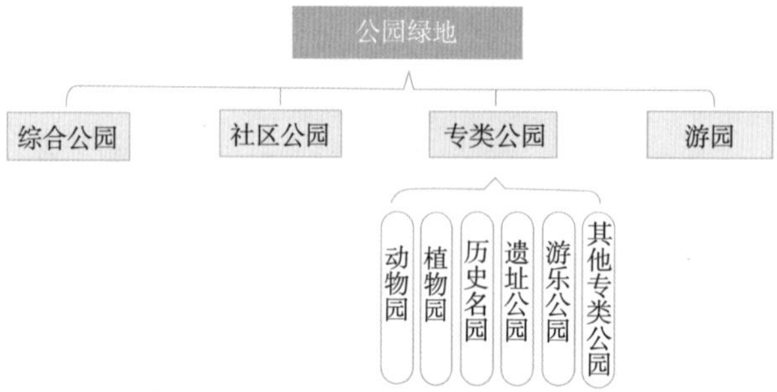

图1-2　公园绿地分类

（2）G2防护绿地：用地独立，具有卫生、隔离、安全、生态防护功能，游人不宜进入的绿地。它主要包括卫生隔离防护绿地、道路及铁路防护绿地、高压走廊防护绿地、公用设施防护绿地等（图1-3）。

图1-3　防护绿地

（3）G3 广场用地：以游憩、纪念、集会和避险等功能为主的城市公共活动场地（图 1-4）。

图 1-4　广场用地

（4）XG 附属绿地：附属于各类城市建设用地（除“绿地与广场用地”）的绿化用地。它主要包括居住用地、公共管理与公共服务设施用地、商业服务业设施用地、工业用地、物流仓储用地、道路与交通设施用地、公用设施用地等用地中的绿地（图 1-5、图 1-6）。

图 1-5　附属绿地

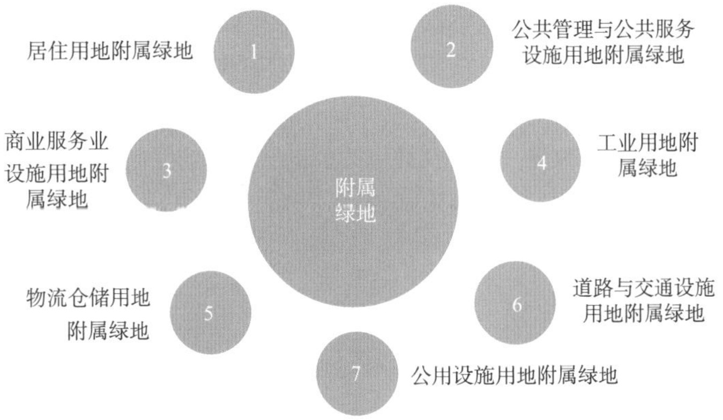

图 1-6　附属绿地分类

（5）**EG 区域绿地**：位于城市建设用地之外，具有城乡生态环境及自然资源和文化资源保护、游憩健身、安全防护隔离、物种保护、园林苗木生产等功能的绿地。**区域绿地**不参与建设用地汇总，不包括耕地。**区域绿地**包括风景游憩绿地、生态保育绿地、区域设施防护绿地、生产绿地 4 个中类。其中，风景游憩绿地还细分为风景名胜区、森林公园、湿地公园、郊野公园和其他风景游憩绿地 5 个小类（图 1-7、图 1-8）。

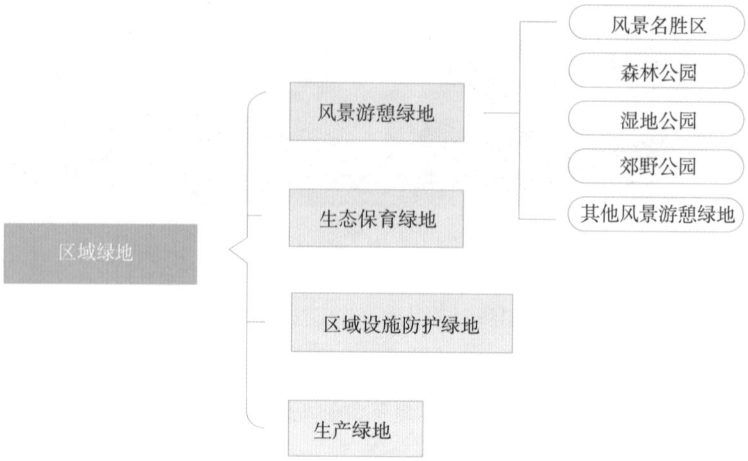

图 1-7　区域绿地分类

图 1-8　区域绿地

在五大类城市绿地的分类上，有一些容易混淆的绿地类型，如城市道路两侧绿地，在道路红线内的，应纳入“附属绿地”类别。在道路红线以外，具有防护功能、游人不宜进入的绿地纳入“防护绿地”。又如，**“广场用地”**应具有较高的绿化覆盖率，绿化占地比例宜大于 35%，绿地占地比例大于或等于 65% 的广场用地计入公园绿地（图 1-9）。

1.1.3　绿地分类的发展

国外城市绿地分类对我国影响比较深远的绿地分类有苏联城市绿地分类和日本城市绿地分类。

微课：绿地分类发展

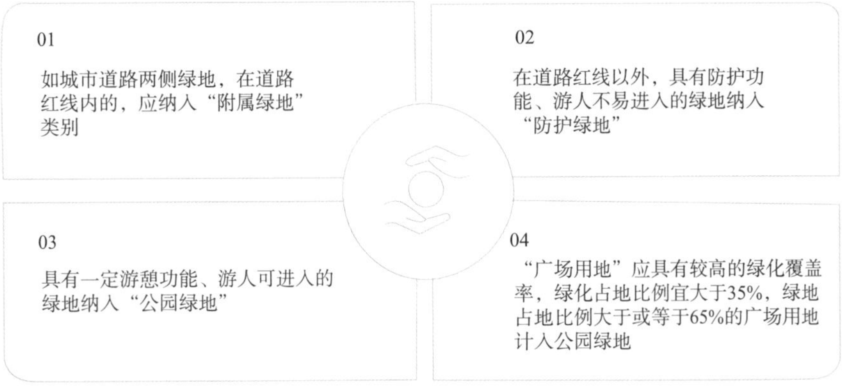

01
如城市道路两侧绿地，在道路红线内的，应纳入“附属绿地”类别
02
在道路红线以外，具有防护功能、游人不易进入的绿地纳入“防护绿地”
03
具有一定游憩功能、游人可进入的绿地纳入“公园绿地”
04
“广场用地”应具有较高的绿化覆盖率，绿化占地比例宜大于35%，绿地占地比例大于或等于65%的广场用地计入公园绿地

图 1-9　易混淆的绿地分类

（1）苏联城市绿地分类。苏联城市绿地系统有**公共使用绿地、局部使用绿地和特殊使用绿地三个大类（图 1-10）**。其中，公共使用绿地包含公园、街坊绿地、林荫大道等绿地类型；局部使用绿地是指学校、工厂等单位所属绿地；特殊使用绿地主要是指防护、水保绿地及苗圃等。**苏联公园**列宁山观景台，位于莫斯科的最高处列宁山，现在也称麻雀山。挪威的同一时期的维尔兰雕塑公园，是比较早期的主题公园，园中有一条 850 m 长的中轴线，有 192 座雕塑，总计有 650 个人物雕像（图 1-11）。

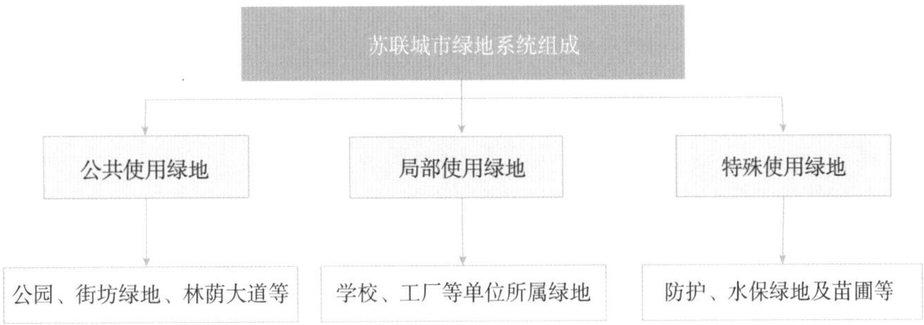

图 1-10　苏联城市绿地分类

（a）　　（b）

图 1-11　列宁山观景台和维尔兰雕塑公园

（a）列宁山观景台；（b）维尔兰雕塑公园

（2）日本城市绿地分类。日本城市绿地系统由**两个部分**组成，**第一部分**是都市公园系统绿地，是基于《都市公园法》所设置的，由政府所有、管理和设置，包括住宅基干公园、都市基干公园、特殊公园、广域公园、休闲公园、国营公园等绿地类型。不同的都市公园有相应的用地规模和服务半径，见表 1-1。比如住宅基干公园，它的服务对象主要是临近的社区，所以服务半径相对比较小。那么如广域公园、国营公园，它们占地面积大，综合性强，所以，服务受众于跨行政区域和都市圈。**第二部分**是非都市公园系统绿地，与都市公园系统绿地不同的是，非都市公园系统绿地所有权和设置主体是比较复杂的，其主要为地方团体和个人所有（图 1-12）。

表 1-1　都市公园系统绿地分类

种类		面积 /hm^2	服务半径 /m
住宅基干公园	街区公园	0.25	0.25
	近邻公园	2	0.5
	地区公园	4	1
都市基干公园	综合公园	10 ～ 50	市区
	运动公园	15 ～ 75	市区
特殊公园		>50	市区
广域公园		>1 000	跨行政区
国营公园		>300	都市圈
缓冲绿地			跨县级行政区
都市绿地		>0.1	
绿道		宽 10 ～ 20 m	

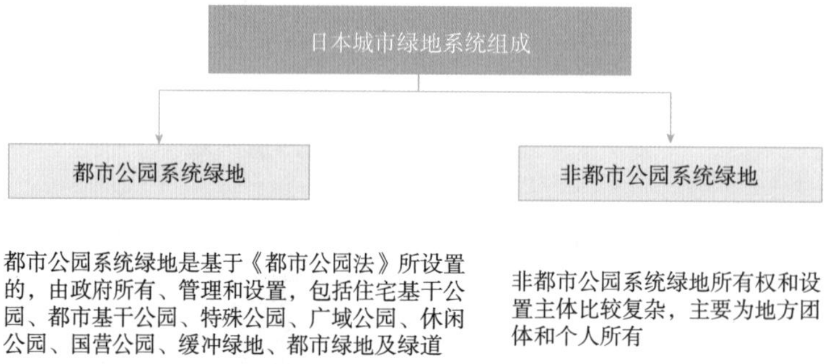

图 1-12　日本城市绿地分类

（3）我国城市绿地分类发展。我国城市绿地分类主要经历了 1991 年的二类法和六类法、2002 年的绿地分类标准、2017 年绿地分类标准三个阶段。在 1991 年施行的国家标准《城市用地分类与规划建设用地标准》中，就将城市绿地分为**公共绿地和生产防护绿地两大类，这就是我们说的二类法**。在 1993 年由原建设部编写的《城市绿化条例释义》及《城市绿化规划建设指标的规定》文件中，将城市绿地分为公共绿地、居住区绿地、单位附属绿地、防护绿地、生产绿地和风景林地六大类，简称六类法。这两种分类方法相应形成了两个标准，造成统计当中的一个混乱。由于当时这两个分类标准并没有对各类绿地做出明确详细的划分及定义，因此导致各个城市的绿地分类标准有较大的差别。

伴随着发展，一些新的绿地类型相继出现，**为应对绿地命名混乱等一系列问题，建设部于 2002 年颁布了新的《城市绿地分类标准》（CJJ/T 85—2002）**，该分类标准首先对城市绿地做了明确的定义即所谓城市绿地是指以自然植被和人工植被为主要存在形态的城市用地，并明确将城市绿地分为**公园绿地、生产绿地、防护绿地、附属绿地及其他绿地**五大类，13 个中类和 11 个小类。《城市绿地分类标准》（CJJ/T 85—2002）对绿地的划分比较详细，一直沿用了 15 年。直到 2017 年，在城乡一体化背景下，中华人民共和国住房和城乡建设部颁布了 2017 年版《城市绿地分类标准》（CJJ/T 85—2017），并于 2018 年 6 月 1 日正式实施，这也是目前实施的最新绿地分类标准。对照 2002 年分类标准，在大、中、小类上分别进行了调整。比如，取消了生产绿地大类，增加了广场用地大类，并将其他绿地改成区域绿地等（图 1-13）。

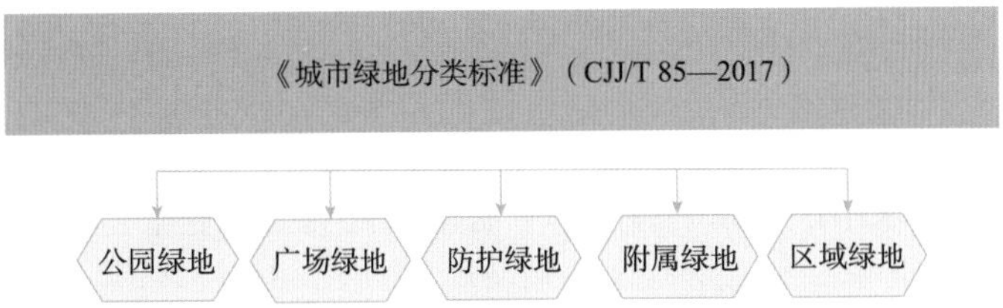

图 1-13　我国城市绿地分类

任务 1.2　绿地指标计算

1.2.1　城市绿地指标

绿地系统规划总的目标分为近、中、远期目标，目的是使各级各类绿地以最适宜的位置和规模，均衡地分布于城市之中，最大限度地发挥其环境、经济和社会效益。如图 1-14 所示为 2009—2030 年岳阳市城市绿地系统的近、中、远期规划指标。

微课：绿地指标定额

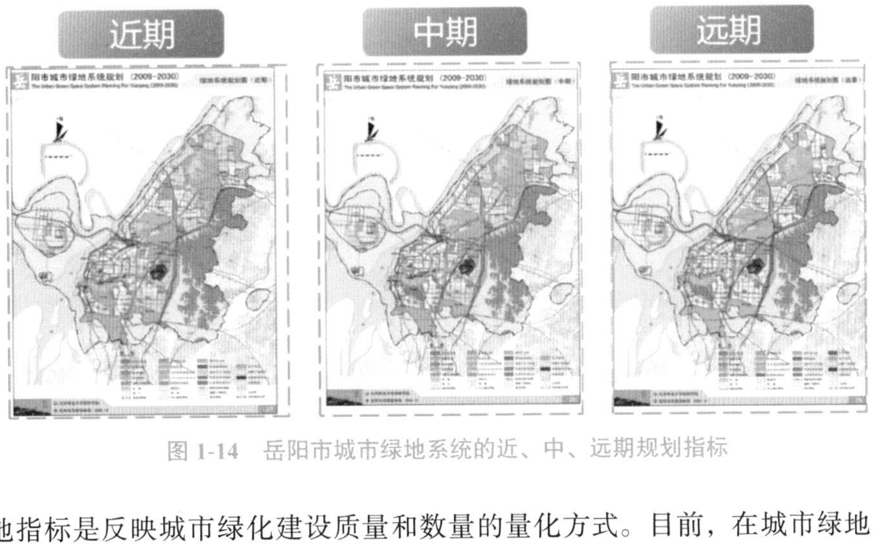

图 1-14　岳阳市城市绿地系统的近、中、远期规划指标

城市绿地指标是反映城市绿化建设质量和数量的量化方式。目前，在城市绿地系统规划编制和国家园林城市评定考核中主要控制的四大绿地指标为人均公园绿地面积（m^2/ 人）、人均绿地面积（m^2/ 人）、城市绿地覆盖率（%）及城市绿地率（%）。

人均公园绿地面积（m^2/ 人）= 城市公园绿地面积 G1 ÷ 城市人口。

人均绿地面积（m^2/ 人）= 城市建成区内绿地面积之和 ÷ 城市人口。

城市绿化覆盖率（%）=（城市内全部绿化种植垂直投影面积 ÷ 城市的用地面积）× 100%。

城市绿地率（%）=（城市建成区内绿地面积之和 ÷ 城市的用地面积）× 100%。

国家有关城市绿地规划的指标要求随着城市的发展变化，也进行动态调整，如 **1990 年**在《城市用地分类与规划建设用地标准》中规定，人均单项用地绿地指标≥ 9. 0 m^2，其中公园绿地≥ 7.0 m^2。**1993 年**，建设部颁布了《城市绿化规划建设指标的规定》文件，提出根据城市人均建设用地指标确定人均公共绿地面积指标。**2004 年**，在《国家生态园林城市标准（暂行）》中，提到我国城市绿化建设指标要求："建成区绿化覆盖率 45% 以上，人均公共绿地 12 m^2 以上，绿地率 38% 以上。"

1.2.2　绿地指标计算

我们进行一个公园绿地率的计算：图 1-15 所示是江西鹰潭市白鹭公园的规划总平面图，请大家在给定的经济技术指标中，求出该公园的绿地率？答案请提交至作业平台。

图 1-15　白鹭公园经济技术指标

任务 1.3　绿地系统布局

1.3.1　绿地系统布局的目的

首先是满足改善城市生态环境的要求，要做到点、线、面结合的绿地系统。其次是满足防护、安全、卫生的要求，要起到防护隔离、避灾和避险的作用。再次是满足居民日常生活及休闲游憩的要求，按照合理的服务半径，均衡的分布绿地。最后是改善城市的整体面貌。

微课：绿地结构布局

1.3.2　绿地系统布局的原则

（1）城市绿地要均衡的分布、比例合理，满足全市居民的生活、游憩需要，促进城市旅游的发展。

（2）指标先进，制定符合绿地建设规律的近、中、远期城市绿地规划指标，并确定各类绿地的合理指标，有效的指导规划建设。

（3）要结合当地的特色，因地制宜，要从实际出发，充分利用城市自然山水地貌的特征，发挥自然环境条件优势，深入挖掘城市历史文化内涵，科学合理地规划各类绿地的选址、规模和指标。

（4）远近结合，合理引导城市绿化建设。

（5）分割城市组团，城市绿地系统规划布局应该与城市组团的规划布局相结合，在理论上，每 25 ～ 50 km^2 设置一个 600 ～ 1 000 m 宽的组团分割带，并尽量与城市自然地和生态敏感区的保护相结合。

1.3.3　绿地系统的结构与布局

布局结构是城市绿地系统的内在结构和外在表现的综合体现，它的主要目标是使各类绿地合理分布、紧密联系组成有机的绿地系统整体。**常见的基本布局模式有点状、环状、放射状、放射环状、网状、楔状、带状和分支状 8 种（图 1-16）**。

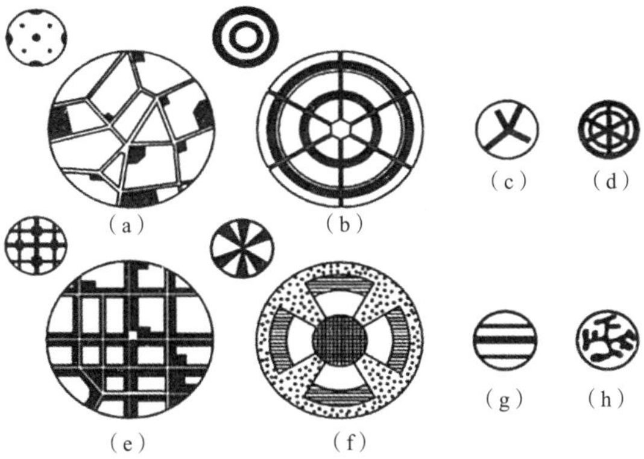

图 1-16　8 种常见绿地布局模式

（a）点状；（b）环状；（c）放射状；（d）放射环状；（e）网状；（f）楔状；（g）带状；（h）分支状

我国的绿地布局形式主要有块状、带状、楔形及混合式 4 种。块状绿地布局是由若干封闭的、大小不等的独立绿地分散布置在规划区内。它的特点是分布均匀，使用方便，但对构成城市景观及改善生态环境作用不大，如图 1-17 所示。

图 1-17　沧州市城市绿地系统

带状绿地布局是绿带与城市水系、道路、城墙等结合成线状，形成纵横向绿带、放射状绿带、环状绿带交织的一个绿地网络结构（图 1-18）。它对城市景观作用明显，具有生态廊道的作用。

楔形绿地布局主要是指从城市外围嵌入城市内部的绿地，从郊区由宽到窄深入市区，引入了郊区的新鲜空气，拥有控制城市形态、缓解热岛效应、保护城市生态环境等作用。我国有很多城市都是采用这种楔形绿地布局，如成都市（图 1-19）、石家庄市、合肥市绿地系统、海南琼山市新区、上海浦东新区东沟楔形绿地等。在国外的城市绿地布局实践中，法国是最早采用楔形绿地布局的国家。

混合式绿地布局是多种形式综合运用，形成点、线、面结合的完整系统。它的特点是使用方便，能够使生活居住区获得最大的绿地接触面、方便居民游憩（图 1-20）。

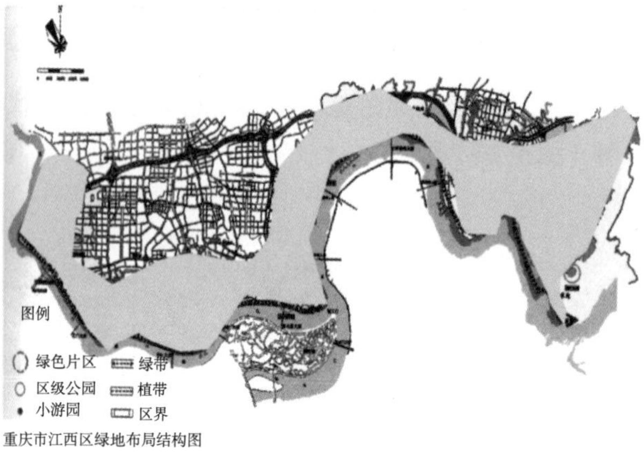

图 1-18　重庆市江北区绿地布局结构图

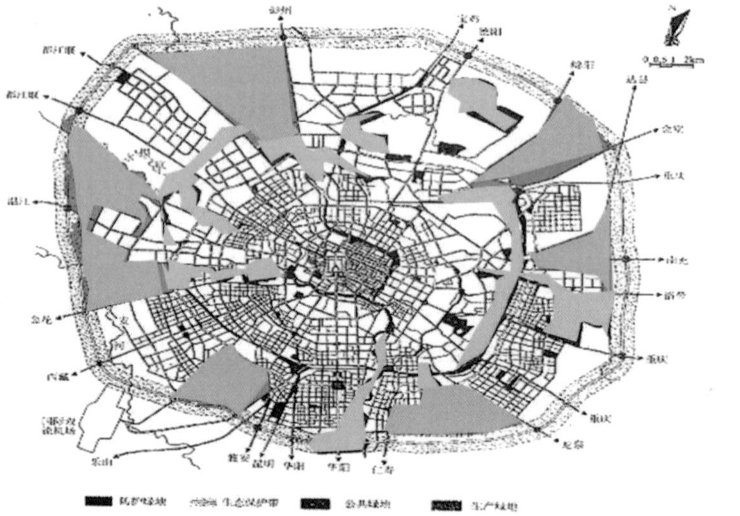

图 1-19　成都市绿地布局结构图

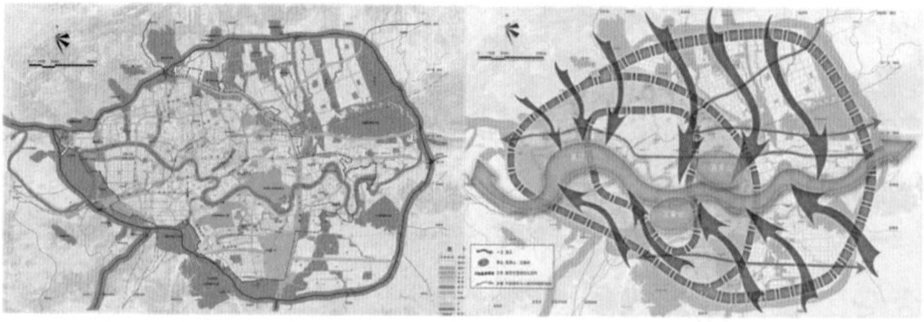

图 1-20　南宁市绿地系统布局

项目2　绿地分类规划

教学单元设计			
课程名称	园林绿地规划	**授课对象**	
授课单元	绿地分类规划	**单元课时**	8 课时
授课地点	多媒体教室	**讲授形式**	混合式教学方法
任务驱动	以掌握“各类绿地”的规划原则、规划要求及相关指标定额与计算为任务驱动，加深学生对绿地分类规划知识的理解，从而掌握理论知识点		
文化元素	慎思：规范标准意识；规划法律效力；统筹发展意识		
知识要点	1. 公园绿地规划。 2. 防护绿地规划。 3. 广场用地规划。 4. 附属绿地规划		
学情分析	通过前续课程“园林制图”“园林设计初步”“效果手绘表达”的学习，学生已经积累了一定的专业认知，但未建立对绿地系统的宏观思维和规划思维		
教学目标	1. 知识目标：掌握公园绿地、防护绿地、广场用地、附属绿地分类规划的原则和要求。 2. 能力目标：具备城市绿地分类规划的能力。 3. 素质目标：培养学生宏观思维和规划思维的能力		
重点难点	教学重点：绿地的分类统计、指标定额和指标计算。 教学难点：各类绿地规划指标与规范标准		
教学策略	根据教学模块内容，以培养系统规划思维能力为出发点，通过系统性 + 碎片化相结合的教学方法，进行线上 + 线下混合式教学，达成教学目标 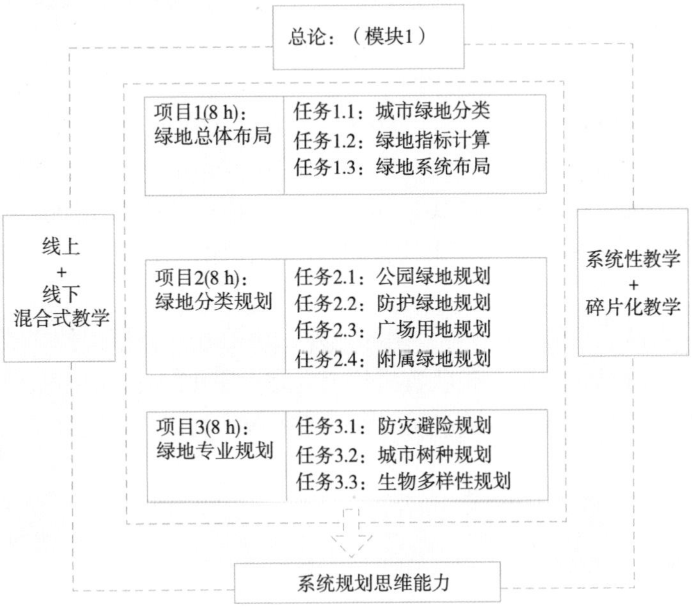		

续表

教学评价	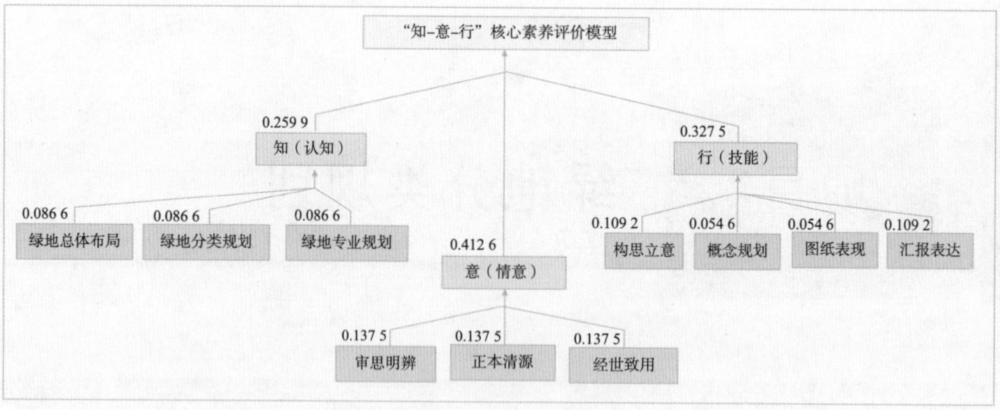

任务 2.1 公园绿地规划

根据《城市绿地分类标准》（CJJ/T 85—2017），公园绿地被细分为综合公园（G11）、社区公园（G12）、专类公园（G13）和游园（G14）。

（1）综合公园（G11）：内容丰富，适合开展各类户外活动，具有完善的游憩和配套管理服务设施的绿地，规模宜大于 10 hm^2。

（2）社区公园（G12）：用地独立，具有基本的游憩和服务设施，主要为一定社区范围内居民就近开展日常休闲活动服务的绿地，规模宜大于 1 hm^2。

（3）专类公园（G13）：具有特定内容或形式，有相应的游憩和服务设施的绿地。专类公园可进一步分为以下内容：

①**动物园（G131）**：在人工饲养条件下，移地保护野生动物，进行动物饲养、繁殖等科学研究，并供科普、观赏、游憩等活动，具有良好设施和解说标识系统的绿地。

②**植物园（G132）**：进行植物科学研究、引种驯化、植物保护，并供观赏、游憩及科普等活动，具有良好设施和解说标识系统的绿地。

③**历史名园（G133）**：体现一定历史时期代表性的造园艺术，需要特别保护的园林。

④**遗址公园（G134）**：以重要遗址及其背景环境为主形成的，在遗址保护和展示等方面具有示范意义，并具有文化、游憩等功能的绿地。

⑤**游乐公园（G135）**：单独设置，具有大型游乐设施，生态环境较好的绿地，绿化占地比例应大于或等于 65%。

⑥**其他专类公园（G139）**：除以上各种专类公园外，具有特定主题内容的绿地，主要包括儿童公园、体育健身公园、滨水公园、纪念性公园、雕塑公园，以及位于城市建设用地内的风景名胜公园、城市湿地公园和森林公园等。

（4）游园（G14）：除以上各种公园绿地外，用地独立，规模较小或形状多样，方便居民就近进入，具有一定游憩功能的绿地。带状游园的宽度宜大于 12 m；绿化占地比例应大于或等于 65%。

这些分类反映了公园绿地在城市规划和绿地系统中的不同功能和重要性。

2.1.1 公园绿地规划的原则

公园绿地规划的原则包括但不限于以下几点：

（1）整体性原则：公园应作为一个协调统一的有机整体，景观规划应从城市整体出发，考虑公园的位置、性质和规模，以真正发挥其改善居民生活环境和塑造城市形象的作用。

（2）以人为本，均衡分布原则：公园设计应以人的需求为出发点，体现对人的关怀，满足人的生理和心理需求，营造优美的环境，并注意设置各种规模、性质的公园绿地，形成合理的公园绿地体系，以服务市民。

（3）地方性原则：在设计过程中应尊重当地的传统文化和乡土知识，利用当地的自然条件如阳光、地形、水、风等，并就地取材，使用当地植物和建材。

（4）景观连通性原则：规划时要考虑城市内外的生态环境，形成内外结合、相互分工的绿色有机整体，强调维持与恢复景观生态过程与格局的连续性和完整性，如通过水系廊道等维持城市中绿色斑块和自然斑块之间的空间联系。

（5）生态位原则：根据物种的生态位原理实行植被配置，建立多层次、多结构、多功能的植物群落，构成稳定的复层混交立体植物群落。

这些原则共同指导着公园绿地的规划，旨在创造一个既美观又实用，既生态又人文的城市绿地空间。

2.1.2　公园绿地规划的要求

公园绿地选址应符合下列规定：不应布置在有安全、污染隐患的区域，确有必要的，对于存在的隐患应有确保安全的消除措施；应方便市民日常游憩使用；应有利于创造良好的城市景观；应能设置不少于一个与城市道路相衔接的主要出入口；应优先选择有可以利用的自然山水空间、历史文化资源，以及城市生态修复的区域；利用山地环境规划建设公园绿地的，宜包括不少于 20% 的平坦区域；公园绿地规划应控制建筑占地面积比例，保障绿化用地面积比例，合理安排园路及铺装广场用地的面积比例，并应符合《公园设计规范》(GB 51192—2016）的规定。

1. 综合公园规划要求

规划新建单个综合公园的面积应大于 10 hm^2。综合公园至少应有一个主要出入口与城市干道连通；宜优先布置在空间区位和山水地形条件良好、交通便捷的城市区域。综合公园应设置儿童游戏、休闲游憩、运动康体、文化科普、公共服务、商业服务、园务管理等设施，应符合表 2-1 的规定。

表 2-1　综合公园设施设置规定

设施类型		公园规模 / hm^2		
		10 ～ 20	20 ～ 50	≥ 50
1	儿童游戏	●	●	●
2	休闲游憩	●	●	●
3	运动康体	●	●	●
4	文化科普	○	●	●
5	公共服务	●	●	●
6	商业服务	○	●	●
7	园务管理	○	●	●

注：“●”表示应设置，“○”表示宜设置

2. 社区公园规划要求

大于 1 hm^2 的居住区公园即对应《城市绿地分类标准》（CJJ/T 85—2017）中的社区公园，是城市中居民使用频率最高的公园绿地类型，主要为一定社区范围内老人、儿童和一般居民就近开展日常休闲活动使用服务。由于社区公园基础性的休闲游憩服务定位，对游憩场地和设施配套具有一定要求，小于 1 hm^2 难以满足这种基础性的配置要求。本条与《公园设计规范》（GB 51192—2016）相衔接，考虑规划配置和指导建设的需要，将社区公园划分为（1 ～ 2）hm^2、（2 ～ 5）hm^2、（5 ～ 10）hm^2 3 个规模档次。本标准规定社区公园设施主要包括儿童游戏、休闲游憩、运动康体、文化科普、公共服务、商业服务、园务管理 7 项。根据公园规模对各类设施采取应设置、宜设置、可设置、可不设置 4 类进行引导和控制。公园规模越小，相应的设施类型越简单。大于 1 hm^2 的居住区公园应设置儿童游戏、休闲游憩、运动康体、文化科普、公共服务、商业服务、园务管理等设施，设施设置规定应符合表 2-2 的规定。

表 2-2　大于 1 hm^2 的居住区公园（社区公园）设施设置规定

设施类型		公园规模 /hm^2		
		1 ～ 2	2 ～ 5	5 ～ 10
1	儿童游戏	○	●	●
2	休闲游憩	●	●	●
3	运动康体	△	○	●
4	文化科普	△	○	○
5	公共服务	△	○	●
6	商业服务	—	△	○
7	园务管理	—	△	○

注：“●”表示应设置，“○”表示宜设置，“△”表示可设置，“—”表示可不设置

3. 专类公园规划要求

专类公园应结合城市发展和生态景观建设需要，因地制宜、按需设置，并应符合下列规定：

（1）历史名园和遗址公园应遵循相关保护规划要求，公园范围应包括其保护范围及必要的展示和游憩空间。

（2）植物园应选址在水源充足、土质良好的区域，宜有丰富的现状植被和地形地貌，面积应符合现行国家标准《公园设计规范》(GB 51192—2016）的规定。

（3）城市动物园应选址在河流下游和下风方向的城市近郊区域，远离工业区和各类污染源，并与居住区有适当的距离；野生动物园宜选址在城市远郊区域。

（4）体育健身公园应选址在临近城市居住区的区域，园内绿地率应大于 65%。

（5）儿童公园应选址在地势较平坦、安静、避开污染源、与居住区交通联系便捷的区域，面积宜大于 2 hm^2，并应配备儿童科普教育内容和游戏设施。

（6）滨水、沿路设置带状公园绿地应满足安全、交通、防洪和航运的要求，宽度不应小于 12 m，宜大于 30 m，并应配置园路和休憩设施。

任务 2.2　防护绿地规划

2.2.1　防护绿地规划的原则

防护绿地规划的原则主要包括以下几点：

（1）科学性原则：规划应基于科学，考虑城市经济社会发展水平、城市用地等多种因素，客观真实地反映防护绿地存在和发展的状态。

（2）整体性原则：防护绿地是城市绿地系统的一部分，规划时必须确保防护绿地与其他绿地联系起来，形成一个统一的整体。

（3）协调性原则：防护绿地的规划需要与城市道路、河道及其他用地规划相衔接，符合相关标准和规划要求。

（4）生态性原则：规划应发挥防护绿地的防护功能，有效改善城市自然条件和卫生条件，满足生态要求的下限值。

（5）安全性原则：在规划中应考虑防护绿地的安全性，确保在紧急情况下能够为居民提供必要的保护。

（6）功能复合原则：规划防护绿地时，应考虑其多功能性，如防风、防尘、防噪声、美化环境等，使其在满足防护功能的同时，也能提供休闲和美化城市的功能。

（7）分级规划原则：建立不同级别的防护绿地系统，如长期避险绿地、中期避险绿地、短期避险绿地和紧急避险绿地，以满足不同情况下的需求。

（8）平灾结合原则：在规划时，应考虑到平时和灾害情况下的绿地使用，使防护绿地在平时可以作为休闲场所，在灾害时可以作为避险场所。

上述原则有助于确保防护绿地能够有效地发挥其在城市生态、环境和社会中的多重作用。

2.2.2 防护绿地规划的要求

城区内水厂用地和加压泵站周围应设置防护绿地，宽度不应小于《城市给水工程规划规范》（GB 50282—2016）规定的绿化带宽度。城区内污水处理厂周围应设置防护绿地；新建污水处理厂周围设置防护绿地应根据污水处理规模、污水水质、处理深度、处理工艺和建设形式等因素具体确定。城区内生活垃圾转运站、垃圾转运码头、粪便码头、粪便处理厂、生活垃圾焚烧厂、生活垃圾堆肥处理设施、餐厨垃圾集中处理设施、粪便处理设施周围应设置防护绿地。其中，垃圾转运码头、粪便码头周围设置的防护绿地的宽度不应小于《城市环境卫生设施规划标准》（GB/T 50337—2018）规定的绿化隔离带宽度。城区内生活垃圾卫生填埋场周围应设置防护绿地，防护绿地宽度应符合现行国家标准《城市环境卫生设施规划标准》（GB/T 50337—2018）的规定。城区内 35 ～ 1 000 kV 高压架空电力线路走廊应设置防护绿地，宽度应符合《城市电力规划规范》（GB/T 50293—2014）高压架空电力线路规划走廊宽度的规定。城区内河、海、湖等水体沿岸设置防护绿地的宽度应符合《城市绿线划定技术规范》(GB/T 51163—2016）的规定。

1. 污水处理厂防护绿地

水厂是城市给水系统的重要部分，需要通过设置防护绿地进行隔离，确保其安全。《城市给水工程规划规范》（GB 50282—2016）的第 7.0.6 条规定："水厂厂区周围应设置宽度不小于 10 m 的绿化带，" 第 8.2.3 条规定："泵站周围应设置宽度不小于 10 m 的绿化带，并宜与城市绿化用地相结合。"

污水处理厂具有污染性，需要建设防护绿地进行隔离，防止对城市其他地区产生污染。污水处理厂由于建设规模、污水水质、处理深度、处理工艺和建设形式等因素导致对外围环境的影响具有很大的差异性，《城市排水工程规划规范》（GB 50318—2017）第 4.4.4 条对其卫生防护距离的要求也与污水处理规模有关（表 2-3），难以具体确定所需防护绿地的宽度。因此本条未对其防护绿地宽度作具体规定。

表 2-3　城市污水处理厂卫生防护距离

污水处理厂规模 /（万 m·d⁻¹）	≤ 5	5 ～ 10	≥ 10
卫生防护距离 /m	150	200	300
注：卫生防护距离为污水处理厂厂界至防护区外缘的最小距离			

2. 垃圾填埋场防护绿地

垃圾转运码头、粪便码头周围设置的防护绿地的宽度应与《城市环境卫生设施规划标准》（GB/T 50337—2018）确定的各类城市环境卫生设施的绿化隔离带宽度保持一致，在本标准中具体落实为防护绿地。以下为《城市环境卫生设施规划标准》（GB/T 50337—2018）中第 5.3.3 条规定："垃圾转运码头周边应设置宽度不少于 5 m 的绿化隔离带，粪便码头周边应设置宽度不少于 10 m 的绿化隔离带。"《城市环境卫生设施规划标准》（GB/T 50337—2018）中第 6.3.3 条规定："生活垃圾卫生填埋场用地内沿边界应设置宽度不小于 10 m 的绿化隔离带，外沿周边宜设置宽度不小于 100 m 的防护绿带。"

3. 高压走廊防护绿地

《城市电力规划规范》（GB/T 50293—2014）第 7.6.3 条规定："内单杆单回水平排列或单杆多回垂直排列的市区 35 ～ 1 000 kV 高压架空电力线路规划走廊宽度，宜根据所在城市的地理位置、地形、地貌、水文、地质、气象条件及当地用地条件，按表 2-4 的规定合理确定。"

表 2-4　市区 35 ～ 1 000 kV 高压架空电力线路规划走廊宽度

线路电压等级 /kV	高压线走廊宽度 /m
直流 ±800	80 ～ 90
直流 ±500	55 ～ 70
1 000（750）	90 ～ 110
500	60 ～ 75
330	35 ～ 45
220	30 ～ 40
66、110	15 ～ 25
35	15 ～ 20

4. 滨水及铁路防护绿地

河流、湖泊沿岸建设防护绿地，对水体本身的生物群落的培育和生态功能的保护重建，以及模仿自然水系中水陆边缘的生态、景观的连续性等方面均具有重要意义。

《城市绿线划定技术规范》（GB/T 51163—2016）第 4.1.5 条规定："城市内河、海、湖及铁路防护绿地规划宽度不应小于 30 m"。《佛山市城市规划管理技术规定（2015 年修订版）》（佛府办函〔2015〕337 号）规定："结合河道水利控制线（蓝线）的划定，市级城市水系绿网的河道两侧原则上各控制不低于 30 m 的绿化带"。《重庆市城乡规划绿地与隔离带规划导则》规定："城市内河、湖等水体及铁路旁的防护林带宽度应不小于 30 m"。《武汉市湖泊整治管理办法》（武汉市人民政府令第 207 号）规定："湖泊水域线为湖泊最高控制水位；湖泊绿化用地线以湖泊水域线为基线，向外延伸不少于 50 m"。具体确定河流、湖泊沿岸防护绿地应根据河道截面竖向、河道宽度、周边用地条件确定防护绿地的宽度。

任务 2.3　广场用地规划

2.3.1　广场用地规划的原则

广场用地规划的原则是城市规划中的重要组成部分。它涉及公共空间的设计、功能布局、环境美化及与城市其他部分的协调等多个方面。广场用地规划的基本原则如下：

（1）开放性原则：广场应设计为开放空间，便于市民进入和使用，增强公共空间的可达性和开放性。

（2）文化性原则：广场规划应体现地方文化特色，可以结合历史遗迹、艺术作品等元素，增强文化氛围。

（3）多功能性原则：广场应具备多种功能，如休闲、集会、文化活动、交通集散等，以满足不同人群的需求。

（4）人性化原则：设计应考虑人的行为习惯和心理需求，创造舒适、安全、便利的公共环境。

（5）环境协调性原则：广场的设计应与周边环境相协调，包括建筑风格、城市色彩、文化特色等。

（6）可达性原则：广场应具有良好的交通连接，方便市民通过步行、自行车、公共交通等多种方式到达。

（7）景观性原则：广场应具有美观的景观设计，包括绿化、水景、艺术装置等，提升城市形象。

以上原则有助于指导广场用地的规划和设计，创造出既美观又实用，既具有文化内涵又能满足现代城市生活需求的公共空间。

2.3.2　广场用地规划的要求

广场用地的选址应符合下列规定：

（1）应有利于展现城市的景观风貌和文化特色。

（2）至少应与一条城市道路相邻，可结合公共交通站点布置。

（3）宜结合公共管理与公共服务用地、商业服务业设施用地、交通枢纽用地布置。

（4）宜结合公园绿地和绿道等布置。

（5）规划新建单个广场的面积应符合表 2-5 规定。

（6）广场用地的硬质铺装面积比例应根据广场类型和游人规模具体确定，绿地率宜大于 35%。

（7）广场用地内不得布置与其管理、游憩和服务功能无关的建筑，建筑占地比例不应大于 2%。

表 2-5　规划新建单个广场的面积要求

规划城区人口 / 万人	面积 /hm^2
<20	≤ 1
20 ～ 50	≤ 2
50 ～ 200	≤ 3
≥ 200	≤ 5

注：表中数据以上包括本数，以下不包括本数

任务 2.4 附属绿地规划

附属绿地规划应包括居住、公共管理与公共服务、商业服务业设施、工业、物流仓储、交通设施、公用设施等用地的附属绿地规划内容。

2.4.1 附属绿地规划的原则

附属绿地规划的原则是城市绿地系统规划中的一个重要组成部分。它主要涉及城市中与建筑物、住宅区、工业区等用地相配套的绿地。附属绿地规划的基本原则如下：

（1）协调性原则：附属绿地应与周边建筑和环境相协调，形成统一和谐的景观。

（2）服务性原则：附属绿地应满足居民和使用者的休闲、游憩、观赏等需求，鼓励居民和使用者参与附属绿地的规划、建设和管理过程，提高归属感和满意度。

（3）生态性原则：在规划中应考虑生态平衡，选择适宜的植物种类，形成良好的生态环境。

（4）安全性原则：附属绿地的设计应确保使用者的安全，避免潜在的危险因素。

（5）多功能性原则：附属绿地应具备多种功能，如休闲、运动、儿童游乐、老年人活动等。

（6）美观性原则：附属绿地应具有美观的设计，提升城市景观和居住环境的质量。

（7）科技应用原则：合理运用现代科技，如智能灌溉系统、环境监测设备等，提高附属绿地的管理效率。附属绿地规划应包含有效的维护和管理措施，确保绿地的长期良好状态。

以上原则有助于指导附属绿地的规划和设计，创造出既美观又实用，既满足居民需求又促进生态环境建设的绿地空间。

2.4.2 附属绿地规划的要求

（1）居住用地内住宅用地的附属绿地规划指标和规划建设要求应符合《城市居住区规划设计标准》（GB 50180—2018）的规定。附属绿地中集中绿地的规划建设应遵循空间开放、形态完整、设施和场地配置适度适用、植物无毒无害的原则。

（2）公共管理与公共服务用地、商业服务业设施用地的绿地率应根据用地面积、形状、功能类型等具体确定。

（3）工业用地和物流仓储用地的绿地率不宜大于 20%；产生有害气体及污染的工业用地、储存危险品或对周边环境有不良影响的物流仓储用地应根据生产运输流程、安全防护和卫生隔离要求可适当提高绿地率。

（4）工业用地附属绿地布局应符合下列规定：应在职工集中休憩区、行政办公区和生活服务区等选择布置集中绿地；应在对环境具有特殊洁净度要求的区域布置隔离绿地；散发有害气体和粉尘、产生高噪声的生产车间、装置及堆场周边，应根据全年盛行风向和污染特征设置防护林；危险品的生产、储存和装卸设施周边应设置绿化缓冲带。

项目3 绿地专业规划

教学单元设计			
课程名称	园林绿地规划	授课对象	
授课单元	绿地专业规划	单元课时	8 课时
授课地点	多媒体教室	讲授形式	混合式教学方法
任务驱动	城市绿地系统专业规划应包括道路绿化规划、树种规划、古树名木保护规划、防灾避险功能绿地规划。根据城市建设需要，可以增加绿地景观风貌规划、绿道规划、生态修复规划、生物多样性保护规划、立体绿化规划等专业规划		
文化元素	**明辨**：防灾避险意识；珍稀濒危意识；生物多样性科普		
知识要点	1. 防灾避险规划。 2. 城市树种规划。 3. 生物多样性规划		
学情分析	通过前续课程“园林制图”“园林设计初步”“效果手绘表达”的学习，学生已经积累了一定的专业认知，但未建立对绿地系统的宏观思维和规划思维		
教学目标	1. 知识目标：掌握城市绿地相关专业规划的内容和要求。 2. 能力目标：具备城市绿地系统专业规划的能力。 3. 素质目标：培养学生宏观思维和规划思维的能力		
重点难点	教学重点：绿地的专业规划的内容与要点。 教学难点：城市绿地专业规划的标准与规范		
教学策略	根据教学模块内容，以培养系统规划思维能力为出发点，通过系统性 + 碎片化相结合的教学方法，进行线上 + 线下混合式教学，达成教学目标 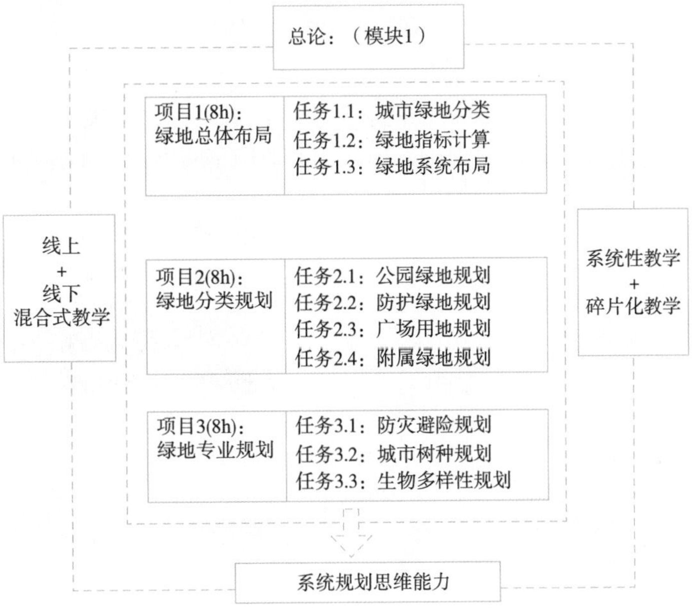		

续表

教学评价	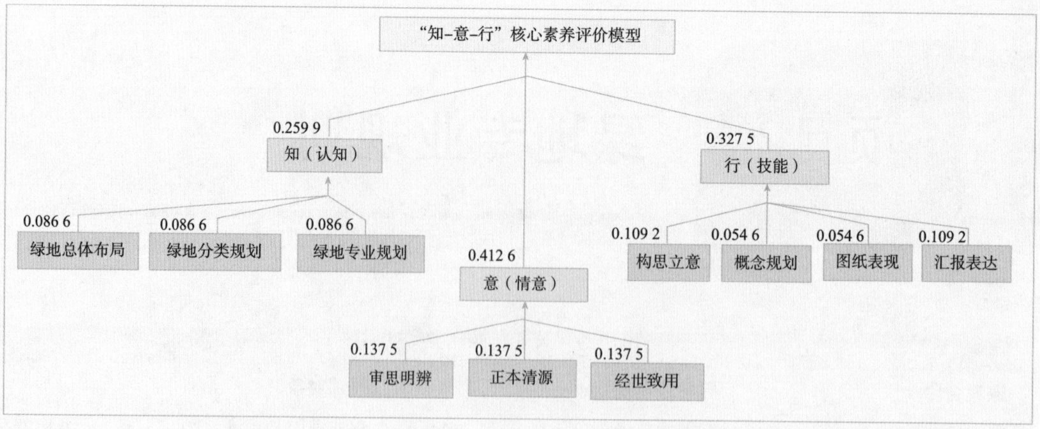

任务 3.1 防灾避险规划

随着新型冠状病毒感染疫情的全球爆发，2020 年 3 月 30 日，美国纽约中央公园搭建起了野战医院，并计划从次日开始收治新型冠状病毒感染患者。随后 4 月 19 日，阿根廷政府也在首都——布宜诺斯艾利斯著名的公园内建造了该国版本的方舱医院。在以上两个案例中，都展现了城市绿地的抗疫功效。绿地的功能除我们熟悉的生态功能、心理功能、景观功能外，城市绿地作为城市开敞空间，在地震火灾、洪灾等灾害发生时，能够作为紧急避险、疏散转移或临时安置的重要场所。

微课：防灾避险规划

3.1.1 防灾避险绿地的分类

城市绿地因其网络化、层次化的结构特征与功能特性，成为城市综合防灾、减灾、救灾体系的重要部分，是抵御各类灾害、疏散避难或临时安置的重要场所。

根据《城市绿地分类标准》（CJJ/T 85—2017），我国的城市绿地分为公园绿地、广场用地、防护绿地、附属绿地及区域绿地。其中，公园绿地又可分为综合公园、社区公园、专类公园和游园。以上所有的绿地从广义上都具备防灾避险的功能。但需要注意的是，专类公园中的动物园、植物园、遗址公园和历史名园，由于其特殊性需要保护，因此不太适用于防灾避险（图 3-1）。

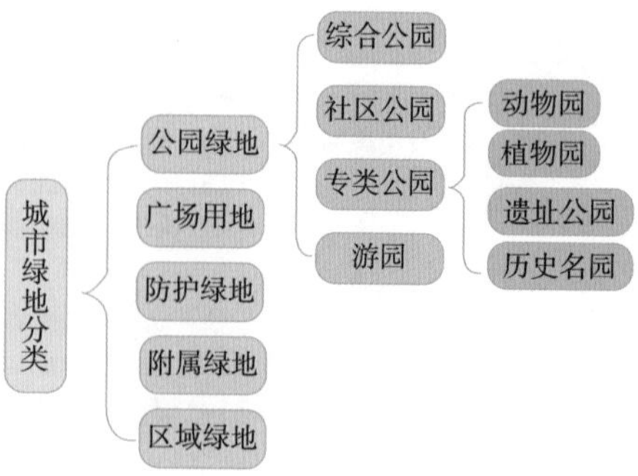

图 3-1　城市绿地分类

城市灾害作为“天、地、生、人”灾害大系统的子系统，集自然生态、社会人文因素于一体。目前对城市灾害的分类没有统一规定，一些学者对城市可持续发展的灾害因子归纳为地震灾害、洪灾与水灾、气象灾害、火灾与爆炸、地质灾害、城市流行病及城市交通事故等，面对灾害的持续侵袭，城市防灾减灾救灾工作成为人类生存与发展必须认真面对的国计民生问题。

根据《城市绿地规划标准》（GB/T 51346—2019），各级防灾避险功能绿地的规模、有效避险面积和布置应符合下列规定：

（1）**长期避险绿地**的规模宜大于 50 hm^2，其中有效避险区域面积占比宜大于 60%，宜结合郊野公园等区域绿地布置。

（2）**中期避险绿地**的规模宜大于 20 hm^2，有效避险区域面积占比宜大于 40%；短期避险绿地的规模宜大于 1 hm^2，有效避险区域面积占比宜大于 40%；宜结合广场用地、综合公园和社区公园等布置。

（3）**紧急避险绿地**的规模应大于 0.2 hm^2，有效避险区域面积占比宜大于 30%；宜结合广场用地、游园和条件适宜的附属绿地布置。

3.1.2　防灾避险规划的发展

在进行绿地规划的时候，需要把握平灾结合、平灾转换的原则（图 3-2）。当灾害来临的时候，城市绿地转换为各级防灾避险绿地，并依次形成紧急、固定、中心防灾避险绿地。其中，各级城市交通道路转换为防灾疏散通道。

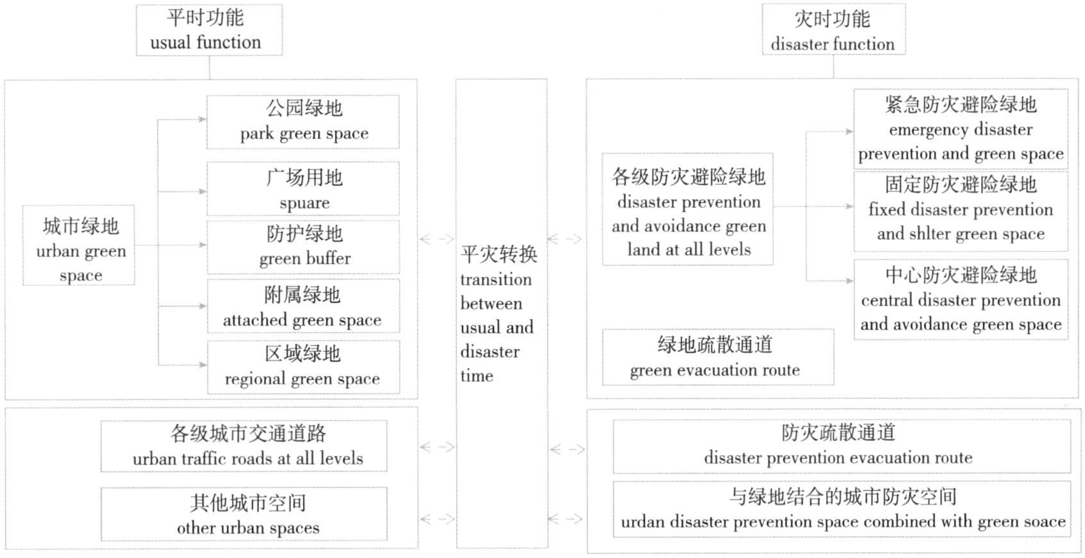

图 3-2　城市绿地的防灾避险功能

1871 年，一场大火差点将芝加哥整个城市烧毁。在灾后重建的过程中，芝加哥非常注重绿地的防灾避险功能，建成了芝加哥公园系统，通过公园与公园路分隔建筑密度过高的市区，用系统性的开放性空间布局，来防止火灾蔓延，提高城市抵抗自然灾害能力的规划方法与思想，极大地丰富了公园绿地的功能，成为后来防灾型绿地系统规划的先驱，具有特别重要的意义（图 3-3）。

日本处于地震多发地带，因此形成了日本防灾公园体系（图 3-4）。日本防灾避险绿地规划的经验如下：以城市总体规划及相关防灾规划为指导思想；与非绿地形式的防灾空间综合防灾、统筹规划、有机结合；规划和建设工作注重选址的安全性；建设模式采取平灾结合与普通公园改造建设。

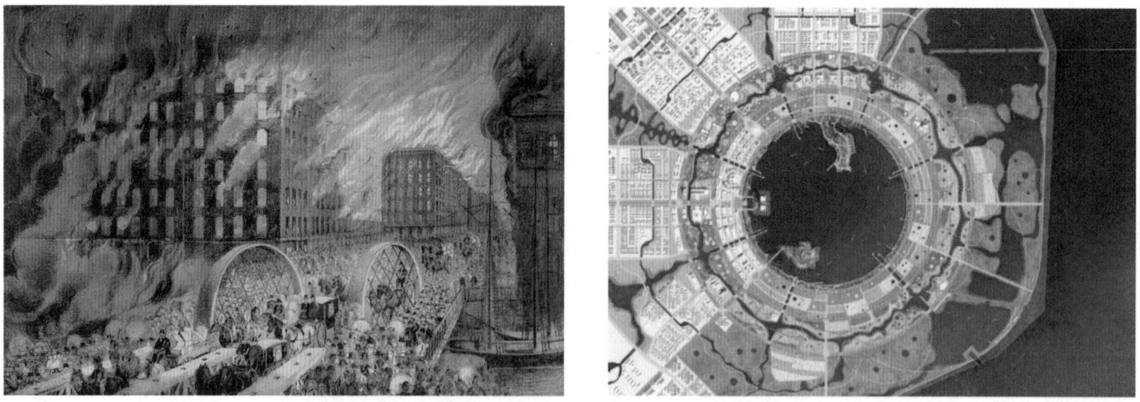

图 3-3　1871 年芝加哥大火和芝加哥公园系统

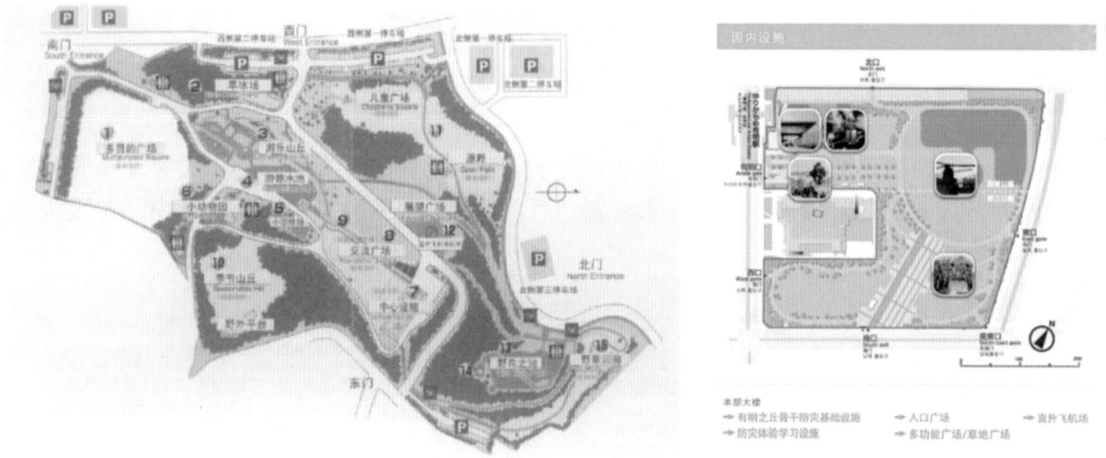

图 3-4　日本防灾公园体系

1976 年唐山大地震之后，北京建成了多处防灾公园，图 3-5 所示为北京曙光防灾公园。该公园充分体现了平灾结合的理念，公园内遍布地震知识及防灾救灾知识的浮雕、雕塑，还有模拟地震的倾斜小屋，这些是构成地震科普知识的主要载体。该公园是专门性的防灾教育公园，具有较大的科普价值和功能。

图 3-5　北京曙光防灾公园

2019 年，成都市规划确定在金牛区建设成都的第一个防灾公园（图 3-6），公园的打造将以系列专业体验馆为基础，细分为地质灾害教育区、水上安全教育区、灾害逃生体验区、交通安全教育区、自然灾害教育区及消防知识教育区等功能模块。

图 3-6　成都“防灾公园”

2020 年，武汉市石牌岭高级职业中学为抗击新冠病毒感染疫情转变为方舱医院（图 3-7），发挥了校园绿地的防灾避险功能。校园绿地及公园绿地在防灾避险功能中承担了重要的作用。除城市绿地的防灾避险功能外，城市绿地还具有心理治愈、文化教育、纪念等功能。总之，绿色战“疫”的体现具有防灾避险、康养治愈和文化教育三个功能。

图 3-7　武汉市石牌岭高级职业中学变为方舱医院

城市防灾绿地系统，可能在平时显现不出其更大的实际价值，但在关键时刻却可以挽救人们的生命。我们应该用对待生命的态度去对待这些相应应急体系的建设。长沙市防灾避险规划案例可扫描右侧二维码学习。

文本：长沙市防灾避险规划案例

任务 3.2 城市树种规划

树种规划是城市绿地系统规划的重要内容之一。在城市园林绿化建设的过程中，它是一项十分必要的基础性工作。明确基调树种、骨干树种和一般树种规划，市花、市树选择建议，树种比例指标，不同应用类型的树种规划是规划成果的主要内容。市花、市树是城市形象的重要标志，也是现代城市的一张名片，选择市花、市树应体现城市的植物景观特色和文化精神特点，如北京市的市树为槐树、侧柏，市花为月季、菊花。

微课：城市树种规划

城市树种规划主要从树种选择的原则、树种规划的基本方法及主要经济技术指标三个方面进行展开。

3.2.1 树种选择的原则

（1）尊重自然规律，以地带性植物树种为主，并突出城市个性。

（2）要选择抗性强的树种，如耐旱、抗涝、抗风、抗病虫害等。

（3）既要有观赏价值，又要有经济效益。发挥植物的综合功能，如生态功能、美化功能及生产的多功能复合树种。

（4）速生树种要与慢生树种搭配，常绿树与落叶树相结合，相互补充，达到生态、景观效果与维护成本的平衡。

（5）以乔木为主，乔、灌、草结合，形成生态功能良好的人工植物群，并且要注意城市绿化中的植物多样性。

3.2.2 树种规划的基本方法

1. 树种调查

树种规划的基本方法，首先要进行调查，对地带性和外来引进驯化的树种，以及它们的生态习性、对环境的适应性、对有害污染物的抗性进行调查。

调查中要注意不同立地条件下植物的生长情况，如城市不同小气候区、各种土壤条件的适应性，以及污染源附近不同距离内的生长情况。

2. 基调和骨干树种的确定

在实地调查的基础上，结合当地的文化特色，进行骨干树种的选择，然后确定城市绿化中的基调树种。基调树种是指各类园林绿地均要使用的、数量最大且能够形成全城统一的树种，一般以 3 ～ 5 种为宜，而且是本地区的适生树种。骨干树种是对城市影响最大的道路、广场、公园的中心点、边界等地应用的孤赏树、绿荫树及观花树木，骨干树种一般能够形成全城的绿化特色，一般以 20 ～ 30 种为宜。在岳阳城市绿地系统树种规划中进行了基调树种的确定，主要有香樟、广玉兰、杜英、苦槠、山苍子、肉桂、臭椿、黄连木等树种，骨干树种以香樟、广玉兰、悬铃木、复羽叶栾树、臭椿、朴树等树种为主。

3. 根据适地适树的原理，合理选择各类绿地绿化树种

适地适树是指根据植物的生态习性和生长环境的特点，选择最适合当地气候、土壤等条件的树种进行绿化种植。确定常绿树种与落叶树种的比例，确定乔木、灌木与草本植物的比例，规划本地木本植物指数，分别提出公园绿地、防护绿地、道路绿化、庭院绿化等不同应用类型的绿化适用树种。

以下是一些选择绿化树种时需要考虑的因素：

（1）**气候条件**：选择能够适应当地气候条件的树种，如温度、降水量、湿度等。

（2）**土壤类型**：考虑树种对土壤酸碱度、肥力、排水性等的要求。

（3）**光照条件**：根据树种对光照的需求，选择适合的树种，如全日照或半阴植物。

（4）**抗病虫害能力**：选择抗病虫害能力强的树种，减少后期维护成本。

（5）**生长速度**：根据绿化的需要，选择生长速度适中的树种。

（6）**观赏价值**：考虑树种的花、叶、果实等观赏特性，以提高绿化的观赏性。

（7）**生态功能**：考虑树种的生态功能，如净化空气、保持水土、提供栖息地等。

（8）**经济价值**：考虑树种的经济价值，如木材、果实等的利用。

（9）**地方特色**：选择能够体现地方特色的树种，增强绿化的地域文化特色。

（10）**维护管理**：选择易于管理和维护的树种，以降低后期维护成本。

在实际选择过程中，可能还需要结合当地的城市规划、绿化目标和居民需求等多方面因素进行综合考虑。

3.2.3　主要经济技术指标

常绿树种四季常青、树形整齐，在百树凋零的冬季发挥着举足轻重的作用，其整齐的树形往往也用来塑造庄严的气势。常绿树种和落叶树种的合理搭配，有助于实现三季有花、四季有景。在进行树种规划的时候，就要考虑裸子植物和被子植物的比例，还要考虑常绿树与落叶树的搭配比例。一般南方城市公园的常绿树比例较高，约 60% 以上，中原地区一般是 5 ∶ 5，北方地区比例略低 4 ∶ 6；其次是乔、灌木的比例，在城市绿化建设当中提倡以乔木为主，通常乔、灌木以 7 ∶ 3 的比例搭配比较合适。此外，还要在经济技术指标中科学规划木本植物和草本植物的比例、乡土树种和外来树种的比例，以及速生、中生、慢生树种的比例。这一系列的经济技术指标都包含在树种规划中，要进行科学统筹、合理的规划。

最后，提供主编参与规划的岳阳市城市绿地系统规划中的城市树种规划案例供大家进一步深入学习理解。东山县城市树种规划案例可扫描右侧二维码学习。

文本：东山县城市树种规划

任务 3.3　生物多样性规划

《2023 年中国自然资源公报》显示，截至 2023 年年末，中国自然资源系统在保护自然资源方面取得了新的进展和成效。在生态保护方面，我国已经成功守住了耕地红线，并且实现了耕地总量的连续净增长。此外，我国还推进了山水林田湖草沙一体化保护和修复工程，完成了 770 多万公顷的生态保护修复面积，并且支持了沿海城市实施 175 个海洋生态保护修复项目。这些项目共整治修复了 1 680 km 的海岸线和 5 万多公顷的滨海湿地。同时，政策性金融投入资金累计达到了 3 500 亿元，以鼓励和支持社会资本参与生态保护修复。

微课：生物多样性规划

3.3.1　生物多样性保护的概念

生物多样性是指所有来源的活的生物体的变异性，这些来源除陆地、海洋和其他水生生态系统及其所构成的生态综合体外，还包括物种内、物种之间和生态系统的多样性，也可以指地球上所有的生物体及其所构成的综合体。

我国生态系统类自然保护区由森林生态系统、草原与草甸生态系统、荒漠生态系统、内陆湿地与水域生态系统、海洋与海岸生态系统五种类型组成。

3.3.2 生物多样性保护的层次

生物多样性的保护包括**三个层次：第一是生态系统多样性，第二是物种多样性，第三是基因多样性**。此外，景观的多样性也应该纳入保护层面进行考虑。

（1）物种多样性保护，主要有**就地保护**和**迁地保护**两种方式。

①**就地保护**，也称为原地保存，是指保护生态系统和自然环境，以及在物种的自然环境中维护和恢复期可存活的种群。对于驯化和栽培的物种而言，是在发展他们独特性状的环境中维护和恢复其可存活的种群。

②**迁地保护**是将生物多样性的组成部分移到它们的自然环境之外进行保护。它主要通过建立植物园、动物园、种质资源圃及试管苗库、超低温库、植物种子库、动物细胞库等设施，进行各种引种繁殖，达到迁地保护的目的。

（2）基因多样性保护，也称为遗传多样性保护，主要是进行离体保存。离体保存可使一些无性繁殖的生物作物种质资源，低温长期保存，避免资源丢失，同时，节省土地和劳力，方法简单、花费少并能在保存中脱毒，一旦需要利用可快速繁殖，也利于种质交换。

（3）景观多样性保护，我国地域辽阔，丰富多变的自然环境不仅构成了繁复的生物多样性空间格局，同时也形成了多样的自然景观。在城市绿地建设中，应根据城市环境情况，结合生物多样性保护，建设多样化的城市自然景观。龙岩市生物多样性规划案例可扫描右侧二维码学习。

文本：龙岩市生物多样性规划

岛、城”地区的绿化为网络和连接，提出由“**环、楔、廊、园、林**”构成的市域绿化系统总体布局。

③深圳市绿地建设情况：改革开放以来，深圳市经济发展到了一个较高的平台，但也面临土地、资源、环境等难以为继的制约。深圳市坚持以生态环境优先的理念，精心构建绿色景观，打造“公园之城”，形成了“郊野（森林）公园—综合性公园—社区公园”三级公园建设体系。

（3）我国城市绿地发展趋势。我国的快速城市化进程已进行了30多年，今后的30年，我国的城市将要进入转型期，朝着服务功能的优化、生活素质的提高、城市的节能减排，包括应对气候变化等“一揽子”的新方向发展，今后城市绿地系统规划发展趋势将有以下5个方面：规划理性化；布局多元化；结构系统化；空间开放化；景观人文化。

任务 0.4 获取相关专业知识的途径

0.4.1 专业书籍和教材

通过阅读专业书籍和教材，如《城市园林绿地系统规划》《园林绿地景观规划设计》《园林规划设计》等，可以系统学习绿地规划的基本概念、规划方法和规划内容，建构系统的知识图谱。

0.4.2 在线课程和慕课

利用网络平台，如智慧职教 MOOC 学院（慕课），学习城市园林绿地系统规划相关课程，本书配套的《园林绿地规划》省级精品在线开放课程资源（https://mooc.icve.com.cn/cms/courseDetails/index.htm?classId=01bb54a878fa12c3a320a4eae163e819），由主编自建，校企合作开发，内容丰富，形式灵活。

0.4.3 实践项目和案例

通过真实的绿地规划项目或研究案例分析，可以加深对理论知识的理解和应用能力。校企合作自主开发的《园林绿地规划》省级精品在线开放课程包含海量的实景和规划案例，规划案例来自一线设计院团队的规划项目，并有企业导师、专业教师对案例的精讲微课视频。

0.4.4 绿地规范和标准

根据《城市绿地分类标准》（CJJ/T 85—2017），绿地分类应该与《城市用地分类与规划建设用地标准》（GB 50137—2011）相对应，并应按主要功能进行分类。绿地分为城市建设用地内的绿地与广场用地，以及城市建设用地外的区域绿地两部分。绿地分类采用大类、中类、小类三个层次，并且使用英文字母组合或英文字母和阿拉伯数字组合表示。

规范标准：《城市绿地分类标准》（CJJ/T 85—2017）

《城市绿地规划标准》（GB/T 51346—2019）规定城市各城区人均公园绿地面积最低值应为5 m^2/人，这是针对现阶段城市建设水平的底线要求，规划时应针对未来发展目标进行规划。《居住绿地设计标准》（CJJ/T 294—2019）涉及地表排水、水体设计、种植设计等多个方面，旨在提升居住区的绿化质量和居民的生活环境。这些规范和标准旨在指导城市规划和建设，确保绿地的合理规划、设计、建设和管理，以提高城市居民的生活质量和城市的可持续发展能力。

规范标准：《城市绿地规划标准》（GB/T 51346—2019）

鼓楼公园和秀山公园；上海的虹口公园；广州的中央公园（今人民公园）、黄花岗公园、越秀公园、东山公园等。

从抗日战争至 1949 年期间，人民生活于水深火热之中，毁多建少，公园建设基本停顿。**以上海为例**，1949 年以前，全市各种公园 11 个，面积为 76.1 hm^2，仅占建成区面积的 0.9%；**北京市**有中山公园、北海公园等 4 个公园，面积为 437 hm^2；**天津市**当时有 6 个公园，面积为 49.87 hm^2；**广州市**，1949 年仅存 4 处公园基本完整，面积为 25 hm^2；一度曾作为国民党政府陪都的重庆市，当时也只有 6 处公园，面积为 34 hm^2。

图 0-44　北海公园

图 0-45　玄武湖公园

（2）中华人民共和国成立后我国城市绿地发展。大致经历了以下 3 个阶段，**第一个是起步阶段**，也是中华人民共和国成立经济刚开始恢复的阶段，北京市增加了公共绿地 416 hm^2，共有公园 15 处、苗圃 5 处，按当时 500 万人口的计算，每人只有 0.18 m^2。**到 1957 年年底**，上海市共有公园 41 处，面积 182 hm^2。哈尔滨新建了哈尔滨公园、斯大林公园、香坊公园和太阳岛公园等，当时公园面积达到了 147 hm^2，是 1949 年的 13.3 倍。**1949—1952 年**，主要是以开放历史文化遗留下来的一些皇家园林并重点发展苗圃经济生产绿地；**1953—1957 年**，第一个五年计划的时期，在城市规划中首次提出了完整的绿地系统的概念。

第二个是 1958—1978 年的缓慢发展阶段，受到三年严重困难以及工作中“左”的指导思想等影响，提出大地园林化和绿化结合生产的方针，工作重心转向强调普遍绿化和园林结合生产。为了园林结合生产，在北京市水产局等单位的大力支持下，于紫竹院公园内挖湖 8.7 hm^2，出土约 11 万立方米，用以发展养鱼生产，中山公园也圈地建起果园，减少了实际游览面积。1958—1959 年，上海市发动市民义务劳动，在一片低洼菜田上挖湖堆山，新建了长风公园，面积为 37.4 m^2，在湖畔草坪上，建起一座高大的钢铁工人雕像，宣传“大跃进”时期“以钢为纲”的建国方针。

第三个是改革开放至今持续增长阶段。在 1978 年中共第十一届三中全会以后，作为城市基础设施之一的园林绿化工作重新纳入城市建设规划。相应制定了一系列的法规及管理条例，例如中华人民共和国第五届全国人民代表大会第四次会议《关于开展全民义务植树运动的决议》《中华人民共和国森林法》《中华人民共和国城市规划法》《城市绿化条例》等。在这一时期，园林绿化工作有章可循、有法可依，园林绿化蓬勃发展呈现新局面，进入了一个新的历史发展时期。下面以北京、上海、深圳为例进行介绍。

①北京市绿地建设情况：北京市自 2001 年申奥成功以来，根据“绿色奥运”的要求，以城乡一体化的大地景观建设为主旋律，在市域层面，**确定了“青山环抱，三环环绕，十字绿轴，七条楔形绿地”的生态绿化格局**，山地绿化占比 62%。

②上海市绿地建设情况：《上海市城市绿地系统规划（2002—2020）》以沿**“江、河、湖、海、路、**

模块2　各论–城市绿地详细规划

项目4 公园绿地规划

教学单元设计			
课程名称	园林绿地规划	授课对象	
授课单元	公园绿地规划	单元课时	12 课时
授课地点	理实一体化教室	讲授形式	混合式教学方法
任务驱动	以“纪念烈士、纪念袁隆平院士”为任务主题，进行烈士公园提质改造项目或进行纪念袁隆平院士主题公园规划项目实践，实现知识、能力、综合素质的培养。 理论探究模块：综合公园规划的方法与内容，包括公园的构思定位、主要出入口的选址、功能区的划分、项目的策划、植物规划等内容。 实景调研模块：包含实地访谈、问卷调查、实地测绘等现状调查工作任务。 项目实操模块：由改造思路与方案草图的绘制、方案的深化、汇报与点评三个环节组成		
文化元素	正本：嫁接红色文化；瞻仰革命烈士；坚定爱国思想		
知识点	1. 综合公园的概念及功能 2. 综合公园规划设计的程序（步骤）。 3. 综合公园规划设计的原则和方法。 4. 综合公园的构思与立意。 5. 综合公园出入口的选址与布局。 6. 综合公园功能分区的划分。 7. 综合公园主要项目的策划。 8. 综合公园的道路系统规划。 9. 综合公园的植物规划		
技能点	1. 资料收集与整理能力。 2. 方案赏析能力。 3. 现状调查与场地分析能力。 4. 设计构思图的表达。 5. 方案草图的手绘表达。 6. 方案深化表达能力。 7. 方案汇报能力		
学情分析	1. 通过前续课程“园林制图”“园林设计初步”“效果手绘表达”的学习，学生已经积累了一定的专业理论知识基底，也掌握了专业制图与规划设计表达的基本制图与手绘功底。 2. 通过本课程总论部分的学习，学生已经基本具有宏观和理论上的系统思维和规划思维能力，但善于模仿，创新意识薄弱，并且缺乏实际项目的操练，动手能力差		
教学目标	1. 知识目标：掌握综合公园规划的方法与内容，包括公园的构思定位、主要出入口的选址、功能区的划分、项目的策划、植物规划等内容。 2. 能力目标：具备综合公园规划思维能力及相关详细设计表达能力。 3. 素质目标：培养学生发现问题、分析问题、解决问题的自主学习能力及团队协助能力		

续表

<table>
<tr><td>重点难点</td><td>教学重点：综合公园规划设计内容（程序）和设计要点。
教学难点：构思与立意；综合性公园各功能区块的详细设计表达</td></tr>
<tr><td>教学策略</td><td>创新“知 – 意 – 行”五感体验教学模式；全方位调动“眼、脑、耳、手、口”人体五感，结合教学模块，完成能力递进
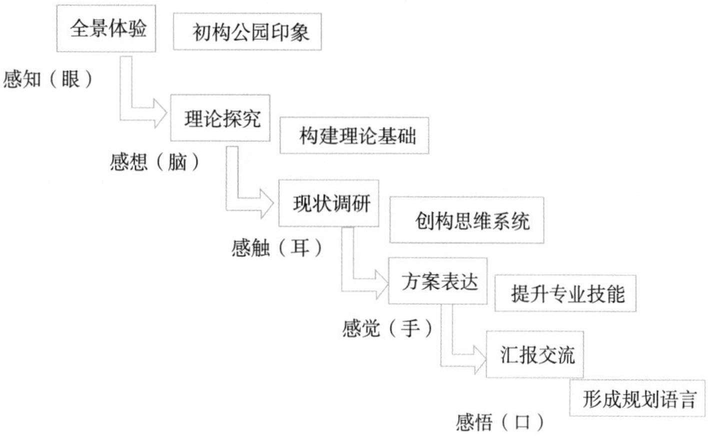
</td></tr>
<tr><td>考核评价</td><td>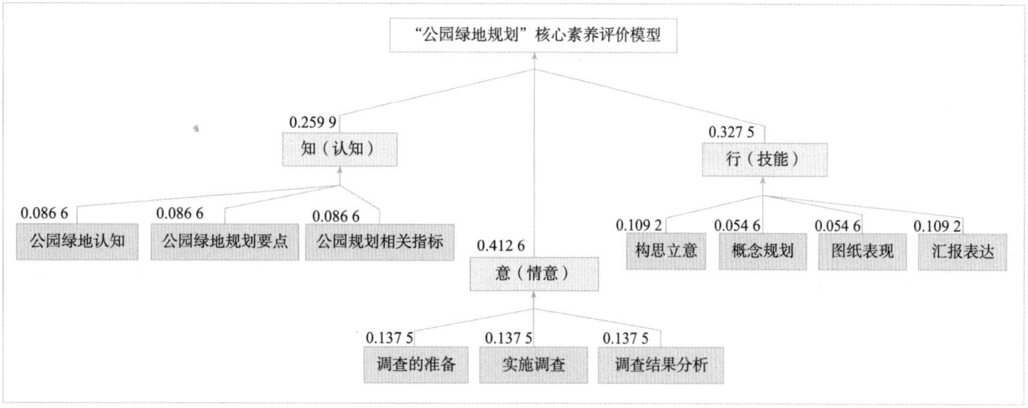
</td></tr>
</table>

任务 4.1　任务导入

4.1.1　纪念性公园规划的源起

纪念性公园主要是为了纪念具有重大意义的历史事件或杰出人物，通过特定的环境设计和景观布局来表达对这些历史或人物的纪念和尊重。纪念性公园不仅是纪念性空间的重要组成部分，还是城市历史和文化的体现，是城市居民“群体记忆”的物化，凝聚着人们对过去的共同怀念和对未来的美好期许（图 4-1）。

4.1.2　纪念性公园规划任务书

1. 实训目的

公园规划是学生全面、系统地掌握所学专业知识的重要组成部分。它具有综合性强、涉及面广和实践性强等显著特点。通过这一重要环节，培养学生具有综合运用所学的有关理论知识去独立分析、解决实际问题的能力，为其接下来走上工作岗位从事有关实际工作打下一个良好的基础。

武汉抗疫纪念公园构想

龙游天下龙哥行 2020-03-25 10:59 关注

前几天发了《建议设立武汉抗疫纪念公园》一文，引起网友共鸣，大家点赞，收藏。又勾起我今日此文再现。

"在武汉两江交汇处，汉阳南岸嘴江滩，设立武汉2020抗疫主题公园。包括抗疫纪念日，抗疫纪念馆，抗疫纪念碑。展现42000名援鄂白衣战士，以及170000名湖北武汉医务工作者的医者大爱。展现武汉千万市民的心胸和情怀。让世界铭记武汉，铭记湖北。让我们的子子孙孙，永远牢记武汉抗疫阻击战"。

今天说说基本构想，抛砖引玉，以供评说。武汉2020抗疫纪念公园，是一座主题公园。分为纪念日，纪念馆，纪念碑，纪念长廊，纪念林，共五大模块。分别设计，整体规划。争取在明年的纪念日建好一期工程，并对外开放，后年全部建成。成为对青少年进行爱国主义教育的基地

一是纪念日。如何确定武汉2020抗疫纪念日，是定2020年3月23日，武汉封城第一天，还是定4月8日，武汉解禁这一天。两个日子，各有意义。笔者以为，定3月23日为好。这一日，千万人口特大型城市"封城"。开天辟地，世界文明史上第一次，开创人类抗疫新记录。为各国抗击疫情提供新天地。

二是纪念馆。大鹏展翅设计。收藏惊天动的抗击疫的实物，图片，书法及绘画作品，电视电影等等。运用互联网技术，三维动画，3D技术等等高技术手段，丰富再现抗疫场景，抗疫壮举。

三是纪念长廊。沿汉阳南岸嘴两江江滩修建，形似抗疫长城，表现武汉人民，全国人民众志诚城抗疫精神。长廊里以浮雕，壁画等等形式，展现全国各省和解放军援鄂医疗队的光辉形象，颂扬美丽逆行的医护人员。

图 4-1　致敬袁老主题公园和抗疫主题征集稿

2. 实训分组

根据学生的学习情况，采用分层教学法，参照真实岗位分工进行项目分组，成立 3 个项目组，每组 6 人（组长 1 人、功能区责任人 4 人、资料员 1 人），分别进行相关角色扮演，共同完成总任务。课程团队配有 3 位指导教师，一对一全过程跟踪指导 3 个项目组。

3. 实训时间

具体时间根据教学进度调整。

4. 实训流程

根据总任务目标，发布 4 个子任务：

（1）寻找优秀的公园规划案例。

（2）纪念性公园实地调研与方案草图的绘制。

（3）纪念性公园规划方案的表达与深化。

（4）纪念性公园规划方案 PPT 的制作与汇报。具体实训流程见表 4-1。

表 4-1　实训流程

序号	任务安排
一	寻找优秀的公园规划案例（上传平台）
二	现状调研与场地分析（调查报告上传台）
三	纪念性公园规划的构思与立意（改造思路图上传平台）
四	纪念性公园规划方案草图（上传平台）
五	纪念性公园规划方案深化（PS 总平面图上传平台）
六	纪念性公园规划方案 PPT 的制作与汇报（PPT 上传平台）

5. 实训底图

可选取自己身边的公园进行提质改造，通过调查或相关部门获取公园地形底图进行纪念性主题公园规划实训，也可选取本书提供的真实场地地形底图进行模拟实训（公园实训底图可扫描右侧二维码）。

实训底图：公园实训底图

6. 实训内容

（1）设计构思与草图：设计说明（包括构思定位、功能分区、景点介绍、道路交通、植物设计）、方案草图、设计构思图。

（2）CAD 部分（上交）：CAD 平面方案图、CAD 植物配置图。方案设计要根据场地需求合理考虑周边环境，必须包含园林四大要素：山（微地形或假山）、水景、小品（形式多样）、植物。园林植物配置必须考虑空间层次和季相变化等四时景观。

（3）PS 部分（上交）：PS 总彩平图（包含比例尺、指北针、图名、图例）、景点说明图、功能分区图、交通分析图、意向图片（包括植物群落、植物单体、铺装、园林小品）。

7. 考核方式

公园绿地规划评价模型如图 4-2 所示。

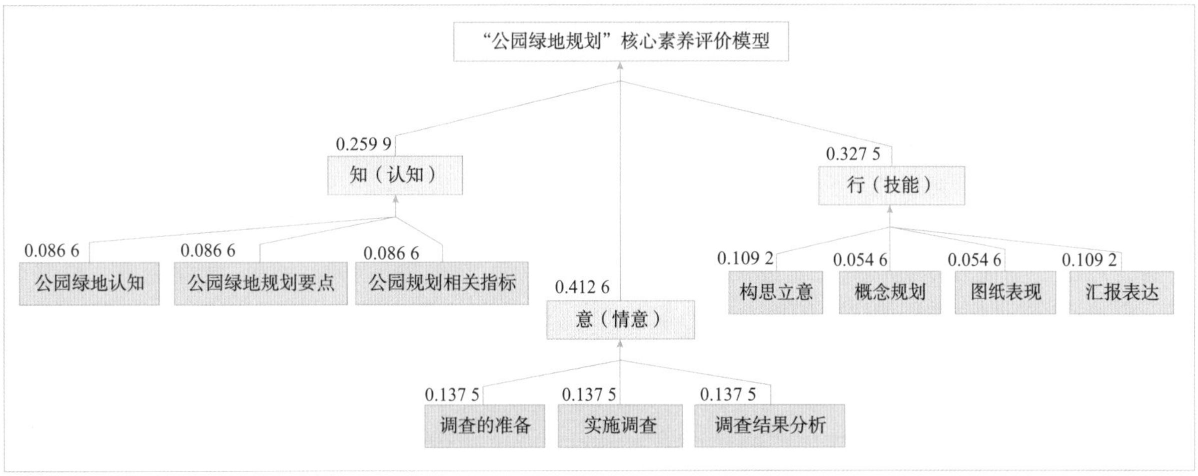

图 4-2　公园绿地规划评价模型（由 AHP 评价模型导出）

任务 4.2　案例赏析

4.2.1　湖南烈士公园总体规划项目

湖南烈士公园位于长沙市东北角，南临迎宾路、北抵德雅路、西界东风路、东到梦泽园和车站北路，总用地面积为 141.351 hm^2，其中水法 63.42 hm^2，陆地 77.93 hm^2，地势西北高、东南低，最大高差为 25 m。公园始建于 1951 年，建园时依照自然地势，低挖高填，依山就势地堆山理水。公园以烈士塔为主体，纪念区采用轴线对称的规则式构图，庄重肃穆，突出纪念塔主体；游览区以年嘉湖为主体，采用自然构图，突出山水相依的秀丽特点。当时的设计较好地处理了纪念与游憩的分区，特别是在纪念轴线的处理上尤为成功，产生了较大影响。

4.2.2　鹰潭市虎岭公园规划项目

案例赏析：虎岭公园规划

虎岭公园是鹰潭市一个具有调蓄水利功能的综合性城市公园，位于鹰潭市夏埠新区信江北岸，鹰潭大桥南北向横跨于虎岭公园之上。公园南、北、西三面毗邻规划城市主干道。公园面积约为 27.9 hm^2，整个地势较为平坦，与周边道路相比，东南角湿地块地势相对较低。目前场地主体为一调蓄池，规划调蓄池面积为 9.0 hm^2，常水位为 26.4 m，最高水位为 27.6 m。公园定位是为市民提供休闲、观光、散步、健身等活动的场地，营造综合性城市休闲公园。

任务 4.3 理论探究

4.3.1 综合公园概述

1. 公园发展概述

《中国大百科全书（建筑、园林、城市规划）》定义公园是城市公共绿地的一种类型，是由政府或公共团体建设经营，供公众游憩、观赏、娱乐的园林。《城市绿地分类标准》（CJJ/T 85—2002，现已废止）指出：公园绿地是城市中向公众开放的、以游憩为主要功能，有一定的游憩设施和服务设施，同时兼有健全生态、美化景观、防灾减灾等综合作用的绿化用地。

微课：综合公园概述

《城市绿地分类标准》（CJJ/T 85—2017）中提出的“公园绿地”是城市中向公众开放的，以游憩为主要功能，有一定的游憩设施和服务设施，同时兼有健全生态、美化景观、科普教育、应急避险等综合作用的绿化用地。它是城市建设用地、城市绿地系统和城市绿色基础设施的重要组成部分，是表示城市整体环境水平和居民生活质量的一项重要指标。

相对于其他类型的绿地来说，为居民提供绿化环境良好的户外游憩场所是“公园绿地”的主要功能，“公园绿地”的名称直接体现的是这类绿地的功能。“公园绿地”不是“公园”和“绿地”的叠加，也不是公园和其他类型绿地的并列，而是对具有公园作用的所有绿地的统称，即公园性质的绿地。

原标准以“公园绿地”替代了“公共绿地”经过 14 年的实践，该名称已被广泛接受和使用，《城市用地分类与规划建设用地标准》（GB 50137—2011）也采用了“公园绿地”名称，达成了城市规划行业和风景园林行业对同一类型绿地的统一命名。

城市公园是城市建设用地、城市绿地系统和城市市政公用设施的重要组成部分，是表示城市整体环境水平和居民生活质量的一项重要指标，在城市园林绿地中居首要地位，是城市园林绿化水平的体现。城市公园是必不可少的、不可替代的公益性的城市基础设施，是改善区域性生态环境的公共绿地，是供城市居民日常游憩、休闲、观赏的场所。

（1）西方公园发展概要。在西方园林文化发展的历史长河中，园林的雏形为“伊甸园”（Garden Eden）。18 世纪英国资产阶级革命以后，一些原来的皇家园林开放为公园。19 世纪，市民公园在城市快速发展时期成长起来。美国的城市公园运动促进了开放式城市休闲娱乐公园和城市绿地系统的发展。真正按近代公园构想及建设的首例是在 19 世纪后半叶，美国纽约规划建设的中央公园（Central Park）。公园中设有儿童游戏场、骑马道及其他一些休憩活动设施。公园与居民住区道路通达，入口标志明显。其规划建设实质为新的社会概念、新的自然理念。市民公园运动之后，迄今为止，公园规划建设指导思想无根本性变化和更新，只是近二十年来，以美国迪斯尼乐园为代表的主题公园形成一种独特的休闲娱乐和特殊体验的园林形式（表 4-2）。

表 4-2　20 世纪的公园建设倾向

序号	年代	倾向	内容形式
1	30 年代	城市园林展	扩建原有园林设施，设置游行广场
2	50 年代	废墟公园	瓦砾处理和植物种植
3	50 年代以后	园林博览会	极高的观赏性和地方园林艺术代表性，成为美化城市，展示园林艺术和城市形象的窗口
4	60 年代	社区休闲公园	丰富的休闲活动设施，如游泳池、小高尔夫球场、青少年活动设施等
5	70 年代	住区绿色空间	卫星城镇普遍绿化，包括楼宇间、广场和停车场；草地和灌木丛较多
6	80 年代以后	宅旁绿地和自然公园	由市民团体和自然保护组织发起，利用野生植被，形成自然体验的环境
7	80 年代以后	娱乐及体验公园	私人公园继续发展，如 Disneyland，以日本和美国的最为著名
8	80 年代末 90 年代初	后现代公园设施	具有历史性和几何性要素（如水盆、豪华的铺装及方格形植物种植）

纽约中央公园是世界著名的公园，始建于 1858 年，旨在满足快速发展的城市休闲需求。它的最初目的是为城市居民提供乡村体验，一个逃离城市生活压力并与大自然和纽约人交流的地方。160 多年后，公园仍然提供这一基本目的。中央公园每年有 4 200 万人次访问，是美国访问量最大的城市公园之一，也是纽约市最受欢迎的目的地之一。

纽约中央公园是美国景观设计之父弗雷德里克·劳·奥姆斯特德（Frederick Law Olmsted，1822—1903）最著名的代表作，是美国乃至全世界最著名的城市公园。它的意义不仅在于它是全美第一个并且是最大的公园，还在于其规划建设中，诞生了一个新的学科——园林学（Landscape Architecture）。纽约中央公园是一块完全人造的自然景观，里面设施浅绿色的草地、郁郁葱葱的森林、庭院、溜冰场、回转木马、露天剧场、两座小动物园，以及可以泛舟水面的湖、网球场、运动场、美术馆等（图 4-3）。

图 4-3　纽约中央公园

（2）我国公园发展概要。我国近代公园的建设开始较晚，是在西方造园思想指导下进行殖民形式的园林创作，如 1868 年殖民者在上海建造的“公园”(黄浦公园)、1908 年“法国公园”(复兴公园）的建立等，这些公园多采用法国规则式和英国自然式布局，它们都只是为殖民者开放的公园。1914 年，北京紫禁城西南的社稷坛开放为公园，早名为中央公园，后改名为中山公园，并陆续开放北海公园、颐和园。中华人民共和国成立后，我国公园建设较快，特别是 1979 年后，随着经济和城市的发展，城市公园被真正受到重视，一些新的公园形式开始出现，公园规划设计多样化，造园手法不拘一格，丰富多彩。1999 年在昆明举办的世界园艺博览会会址，已经留作永久性公园绿地。2004 年在深圳举办的国际园林花卉博览会也采取了同样的做法，开创了我国公园建设的另一种办法和途径。

2. 公园的分类

由于现代公园的功能、性质、规模大小各有不同，种类繁多，各个国家的分类标准不尽相同，各国均各有特点。具有代表性的中国、美国、德国分类如下：

（1）中国分类。根据《城市绿地分类标准》（CJJ/T 85—2017），按照公园绿地的主要功能和内容，将其分成四种类型（表 4-3）：①综合公园（G11）；②社区公园（G12）；③专类公园（G13）：动物园（G131）、植物园（G132）、历史名园（G133）、遗址公园（G134）、游乐公园（G135）、其他专类公园（G139）。④游园（G14）。

表 4-3　公园绿地的分类

类别代码			类别名称	内容	备注
大类	中类	小类			
G1			公园绿地	向公众开放，以游憩为主要功能，兼具生态、景观、文教和应急避险等功能，有一定游憩和服务设施的绿地	
	G11		综合公园	内容丰富，适合开展各类户外活动，具有完善的游憩和配套管理服务设施的绿地	规模宜大于 10 hm^2
	G12		社区公园	用地独立，具有基本的游憩和服务设施，主要为一定社区范围内居民就近开展日常休闲活动服务的绿地	规模宜大于 1 hm^2
	G13		专类公园	具有特定内容或形式，有相应的游憩和服务设施的绿地	
		G131	动物园	在人工饲养条件下，移地保护野生动物，进行动物饲养、繁殖等科学研究，并供科普、观赏、游憩等活动，具有良好设施和解说标识系统的绿地	
		G132	植物园	进行植物科学研究、引种驯化、植物保护，并供观赏、游憩及科普等活动，具有良好设施和解说标识系统的绿地	
		G133	历史名园	体现一定历史时期代表性的造园艺术，需要特别保护的园林	
		G134	遗址公园	以重要遗址及其背景环境为主形成的，在遗址保护和展示等方面具有示范意义，并具有文化、游憩等功能的绿地	
		G135	游乐公园	单独设置，具有大型游乐设施，生态环境较好的绿地	绿化占地比例应大于或等于 65%
		G139	其他专类公园	除以上各种专类公园外，具有特定主题内容的绿地。主要包括儿童公园、体育健身公园、滨水公园、纪念性公园、雕塑公园以及位于城市建设用地内的风景名胜公园、城市湿地公园和森林公园等	绿化占地比例宜大于或等于 65%
	G14		游园	除以上各种公园绿地外，用地独立，规模较小或形状多样，方便居民就近进入，具有一定游憩功能的绿地	带状游园的宽度宜大于 12 m；绿化占地比例应大于或等于 65%

（2）美国分类。儿童公园、邻里活动公园、运动公园、教育与休闲公园（包括动、植物园）、邻里公园、市区小公园、风景眺望公园、水滨公园、综合公园、保留地、林荫道及公园路。

（3）德国分类。自然公园、自然保护区、景观公园、景观保护区、市民公园、庭园、运动场、广场、林荫道、租赁园地。

通过对比可以看出，虽然我国个别城市设有体育公园、儿童公园等，但我国的公园体系中并没有为普通市民提供专门的体育公园等。长期以来，我国的城市公园在功能设置上局限于市民的游憩、娱乐，而没有能力、土地资源、财力等顾及市民的多种需求。但随着我国经济与城市的发展，城市公园的功能定位将多元化。

3. 综合公园的定义

根据《城市绿地分类标准》（CJJ/T 85—2017），综合公园是指内容丰富，适合开展各类户外活动，具有完善的游憩和配套管理服务设施的绿地。一般规模宜大于 10 hm^2 。综合公园是公园绿地的一种类型，与社区公园、专类公园和游园共同构成城市公园绿地系统。综合公园中包括多种文化娱乐设施、儿童游戏场和安静休憩区，也设有游戏型体育设施。综合公园的面积较大，服务范围覆盖整个城市，活动内容广泛，供不同年龄、不同层次的游人游憩需要。我国著名的综合公园有北京的紫竹院公园（图 4-4）、陶然亭公园、双秀公园（图 4-5），杭州的太子湾公园（图 4-6）、花港观鱼公园等。

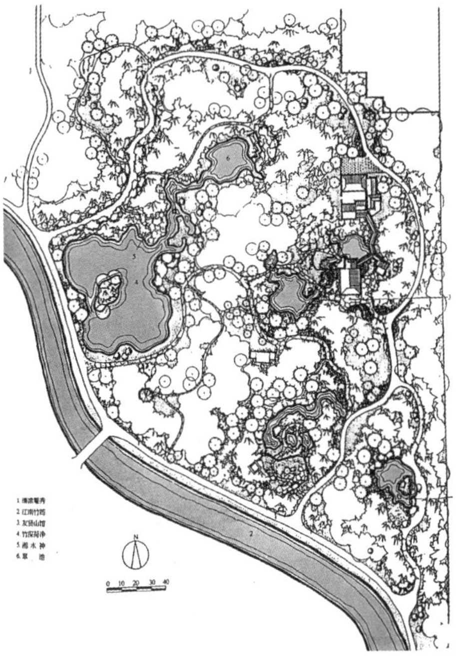

图 4-4　北京紫竹院公园筠石园

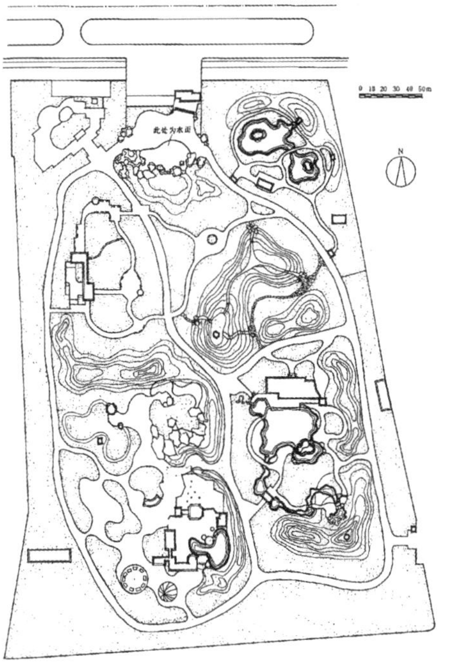

图 4-5　双秀公园平面

图 4-6　杭州太子湾公园

关于“综合公园”的说明，取消原标准中“综合公园”下设的小类。原标准中“综合公园”下设“全市性公园”和“区域性公园”两个小类，其目的是根据公园的规模和服务对象更合理地进行各级综合公园的配置。但是，各地城市的人口规模和用地条件差异很大，且近年来居民的出行方式和休闲需求也发生了诸多变化，在实际工作中难以区分全市性公园和区域性公园。因此，在无法明确规定各级综合公园的规模和布局要求的情况下，将综合公园细分反而降低了标准的科学性和对实际工作的指导意义。建议综合公园规模下限为 10 hm^2，以便更好地满足综合公园应具备的功能需求。考虑到某些山地城市、中小规模城市等由于受用地条件限制，城区中布局大于 10 hm^2 的公园绿地难度较大，为了保证综合公园的均好性，可结合实际条件将综合公园下限降至 5 hm^2。

4.3.2 综合公园规划的主要内容

1. 设计原则

（1）整体性原则。公园整体上要易于识别，具有一定特殊的场所特征，且具有适度的感觉刺激，太多或太少的刺激都不合适；公园的布局应有美感，符合时代和民族的审美特性及其发展趋势；公园应提供某种设计化行为和个人行为模式，具有明确的功能指示性，符合人们的想象。另外，公园应具有一定的文化内涵和象征意义，引起人们对过去和未来的美好联想。

微课：综合公园规划内容

（2）地方性原则。

①公园设计应运用当地的材料、能源和建造技术，特别是注重地方性植物的运用；

②顺应并尊重地方的地理景观特征，如地形地貌特征、气候特征等；

③尊重地方特有的民俗、民情，并在公园规划中加以体现；

④景观建造、小品和构筑物的设计应考虑到地方的审美习惯和使用习惯；

⑤注重园区古迹和纪念性景观的保护和再利用，以及具有场所感的景观开发；

⑥在尊重地方性的同时，不能忽视群众对时尚游乐方式的需求和布置。

（3）生态可持续原则。公园设计应反映生物的区域性，顺应基址的自然条件，合理利用土壤、植被和其他自然资源。依靠可再生能源，充分利用日光、自然通风和降水，选用当地的材料，特别是注重乡土植物的运用，最大程度地保护当地的生态环境和生态系统，体现自然元素和自然过程，减少人工痕迹。

2. 公园出入口的确定与布局

（1）公园出入口的确定。根据城市规划中游人的交通方向和公园内部布局要求，确定公园主、次和专用出入口的位置。主要出入口前设置集散广场，是为了避免大股游人出入时影响城市道路交通，并确保游人安全。因此，主要出入口位置的确定，取决于公园与城市规划的关系、园内分区的要求及地形的特点等，全面衡量，综合确定。一般来说，主要出入口应与城市主要干道、游人主要来源方位，以及公园用地自然条件等诸多因素协调后确定。合理的公园出入口，将使城市居民便捷地抵达公园。为了满足大量游人在短时间内集散的功能要求，公园内文娱设施如剧院、展览馆、体育运动场等多分布在主出入口附近；或在上述设施设专用入口，以达到方便使用的目的。

另外，为了完善服务、方便管理和生产，多选择公园较偏僻处或公园管理处附近设置专用入口。为方便游人，一般在公园四周不同方位选定次出入口。例如，公园附近的小巷或胡同，可设立小门，以免周围居民要绕大圈才能入园。

公园主要出入口的设计应考虑它在城市景观中所起到的装饰市容的作用。在满足游人进出公园在此交汇、等候的功能需求的同时，公园主要出入口美丽的外观，也将成为城市景观的亮点。

（2）公园出入口的设计内容。公园主要出入口的设计内容包括公园内、外集散广场，园门，停车场，存车处，售票处，围墙等。公园出入口的内、外广场，有时也设置一些纯装饰性的花坛、水池、喷泉、雕像、宣传性广告牌、公园导游图等。有的大型公园入口旁设有小卖部、邮电所、治安保卫部、车辆存放处、婴儿车出租处等。国外公园大门附近还有残疾人游园车出租。游人出入口宽度应符合下列规定（表 4-4）：公园主要出入口前广场应退后于马路街道以内，形式多种多样。广场大小取决于游人量，或因园林艺术构图的需要而定。综合公园的主要大门，前、后广场的设计是总体规划设计中的重要组成部分之一。

表 4-4　公园游人出入口总宽度下限

游人人均在园内停留时间 /h	售票公园 m/ 万人	不售票公园 m/ 万人
>4	8.3	5.0
1～4	17.0	10.2
<1	25.0	15.0

注：单位“万人”指公园游人容量

（3）公园出入口的布局形式。

① 先抑后扬（图 4-7）：入口多设障景，入口后豁然开朗，造成空间对比效果。江南园林的占地通常较小，“欲扬先抑”手法的运用有利于增加空间层次，避免“一览无遗”。留园入口以虚实变幻、收放自如、明暗交替的手法，形成曲折巧妙的空间序列，引人步步深入，具有欲扬先抑的作用。

② 开门见山：入园后即可见公园主体（图 4-8、图 4-9）。

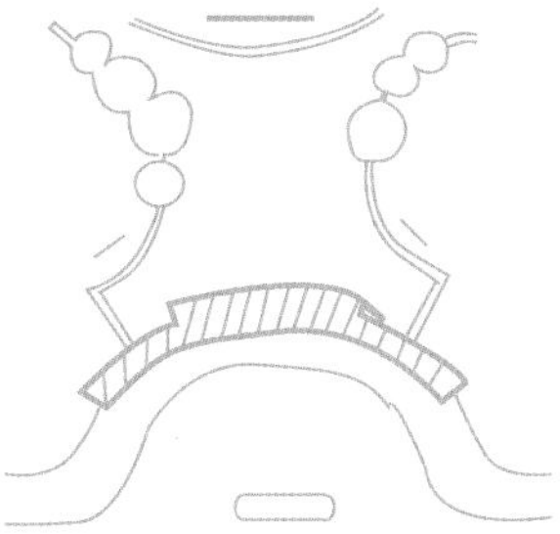

图 4-7　入口设有障景或对景

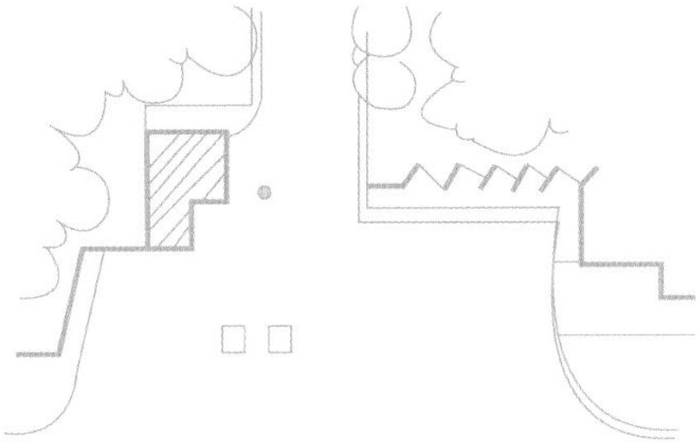

图 4-8　开门见山式

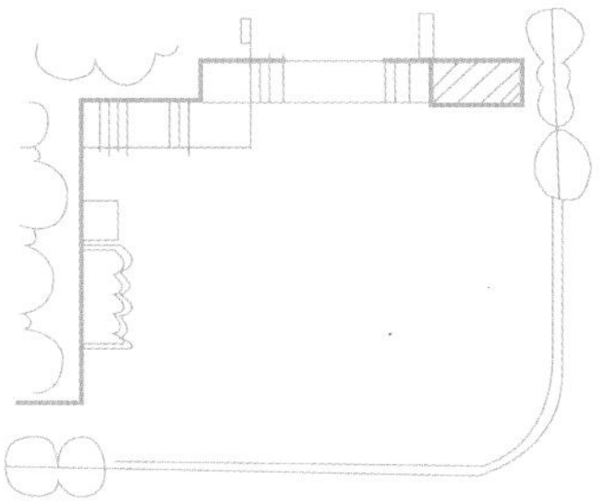

图 4-9　开门见山式（道路转角处入口）

③ 外场内院：以大门为界，外为交通场地，内为步行内院（图 4-10）。

④ T 形障景：进门后广场与主要园路 T 形相连，并设障景引导（图 4-11）。

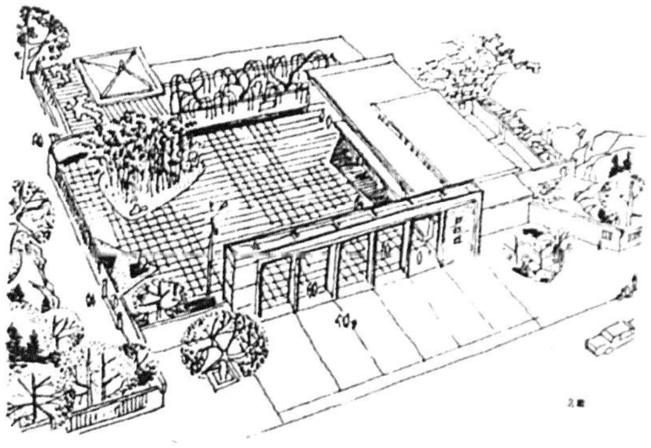

图 4-10　外场内院式（紫竹院公园入口）

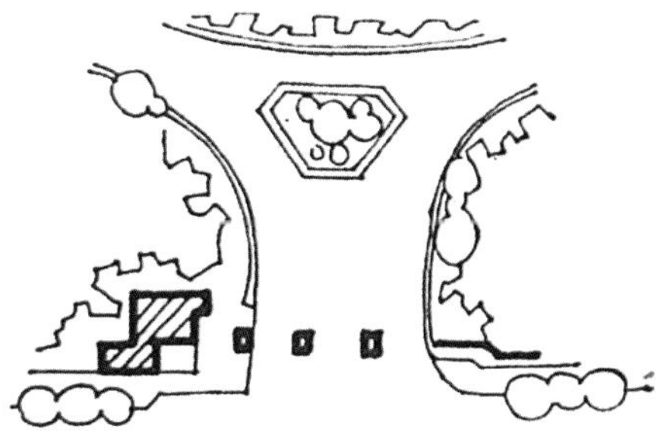

图 4-11　入口场地与园路 T 形相连

3. 分区规划

公园的分区有功能分区和景色分区两类，可根据公园性质和现状条件，在全园风格统一的基础上，确定各个分区的规模及特色。

（1）功能分区。功能分区的目的是满足不同年龄、不同爱好游人的游憩和娱乐要求，合理、有机地组织游人在公园内开展各项游乐活动。同时，根据公园所在地的自然条件如地形、土壤状况、水体、原有植物，已存在并要保留的建筑物或历史古迹、文物情况，尽可能地“因地、因时、因物”，结合各功能分区本身的特殊要求，以及各区之间的相互关系、公园与周围环境之间的关系来进行分区规划。

一般公园中可以分为文化娱乐区、观赏游览区、安静休息区、儿童活动区、老人活动区、体育活动区和公园管理区等几个分区。由于公园的大小规模不同，各个分区的活动设施和内容不尽相同（表 4-5）。

表 4-5　公园功能分区

序号	功能分区	活动设施和内容
1	文化娱乐区	露天剧场、展览厅、游艺室、音乐厅、画廊、棋艺、阅览室、演说讲座厅等
2	观赏游览区	观赏山水风景、奇花异草，浏览名胜古迹，欣赏建筑雕刻、鱼虫鸟兽和盆景假山等
3	安静休息区	垂钓、品茗、博弈、书法绘画、划船、散步、气功等活动内容，尤其对于中老年人，是理想的休闲环境
4	儿童活动区	由于儿童占游园人数比例较大，考虑到中小学生和幼儿的活动规律和活动需求，设置少年宫、迷宫、障碍游戏、小型动物角、儿童游戏场等儿童喜闻乐见的活动器具
5	老人活动区	休闲时间一般多于成年人，老年人的活动范围有限，诸如戏迷票友聚会、太极拳练习、博弈、书法绘画等活动，深受老年人的喜爱
6	体育活动区	开展游泳、溜冰、旱冰活动，设置游泳馆、足球场、篮球场、排球场、乒乓球室、羽毛球场、网球场、武术室等活动场地
7	公园管理区	办公、花圃、温室、仓库、车库、变电站、食堂、宿舍和浴室等

（2）景色分区。按公园的规划意图，组成一定范围的各种景色地段，形成各种风景环境和艺术境界，以此划分成不同的景区，称为景色分区。对于公园的景色，要考虑观赏的方式，可分为静观与动观两种。静观要设置观赏点及观赏视线；动观是由于位置的移动、时间的变化而形成不同的景色，例如根据距离、高度、角度、天气、早晚、季节等因素的变化，出现不同的景观，这就形成动观的游览路线。

例如，广州越秀公园面积为 80.4 hm^2，是一个大型城市公园。公园中分为古迹纪念区、东秀湖区、南秀湖区、北秀湖区和蟠龙岗炮台区五个景区。公园内的主要设施和景点包括中山先生读书治事处、美术馆、博物馆、四方炮台、中山纪念碑，还有体育场、游泳池、溜冰场、花卉馆、儿童乐园、茶室、餐厅、五羊雕塑、镇海楼等。这些景点都是围绕越秀山而形成的，与越秀山的自然地形、自然植被景色及历史文化传说密切结合在一起。南京雨花台烈士陵园分为中心纪念区、名胜古迹区、雨花石文化区、雨花茶文化区、游乐活动和生态密林区六大功能区。每一个分区又包括许多小的景点，组合在一起就形成了一个大型纪念公园。石景山雕塑公园分为水景雕塑区、绿荫雕塑区、阳光雕塑区、春早院 4 个景区。

公园的功能分区和景色分区不是完全分开的，它们是公园规划中的两种思路，往往结合在一起，共同完成公园的分区规划。

4. 园路布局

公园内部根据其规模、各分区的活动内容、游人容量和管理需要，确定园路的主、次路线和园林桥梁、铺装场地的位置和艺术特色要求。同时，公园应便于残疾人的利用，规划无障碍通道。

主干园路一般可以通行工作用机动车，大型园林可考虑电瓶车的需要。主干园路不宜设置梯道，必须设置梯道时，纵坡小于 36%。

主路的纵坡一般小于 8%，横坡小于 3%，粒料路面横坡小于 4%，纵、横坡不能同时无坡度。山地公园的园路纵坡小于 12%，超过时做防滑处理加大路面的摩擦系数。

支路和小路的纵坡一般小于 18%。纵坡超过 15% 的路段，路面要做防滑处理。纵坡超过 18% 时，要按台阶、梯道设计。台阶踏步数一般不得少于 2 级，坡度大于 58% 的梯道要做防滑处理。

经常通行机动车辆的园路宽度一般要大于 4 m，双向行车时园路宽度至少为 6 m，转弯半径不小于 12 m。园路在地形险要的地段要设置安全防护设施，如防护栏、防护墙等。

5. 公园地形设计

公园的竖向规划和地形处理，是公园规划建设的基础。地形设计牵涉公园的艺术形象、山水骨架、种植设计的合理性、土方工程等问题。从公园的总体规划角度，地形设计最主要的是要解决公园为造景的需要所要进行的地形处理。在进行具体的地形设计和竖向设计时，应根据公园四周城市道路规划标高和公园内主要设施内容，充分利用原有地形地貌，提出主要景物的高程及对其周围地形的要求，地形标高要适应拟保留的现状构筑物和地表水的排放。

原则上对公园的基址不进行大的地形改造和处理，只是在公园的局部进行小的地形调整。在一些平原城市，可以利用城市垃圾作为山体的骨架，表面覆土，进行山体的堆设，或利用废弃的矸石或矸石山，经过压实沉积处理并在上面覆盖种植土后，进行绿化或其他建设。通过这种方式，既节省土方量，又可以对地形进行较大的改造。

（1）地形设计时，不同的设计风格应采用不同的手法。

①规则式园林的地形设计，主要是应用直线和折线，创造不同高程平面的布局。例如，规则式园林中的水体，主要以长方形、正方形、圆形或椭圆形为主要造型的水渠、水池。一般水底为平面，在满足排水的要求下，标高基本相等。

②自然式园林的地形设计，要根据公园用地的地形特点，一般有以下几种情况：原有水面或低洼沼泽地；城市中的河网地；地形多变、起伏不平的山林地；平坦的农田、菜地或果园等。无论是上述哪种地形，基本的手法即《园冶》中所指出的“高方欲就亭台，低凹可开池沼”的“挖湖堆山”法。

（2）地形设计应结合各分区规划的要求。安静休息区、老人活动区等要求有一定山林地、溪流蜿蜒的小水面或利用山水组合空间造成局部幽静环境。而文娱活动区不宜地形变化过于强烈，以便于开展大量游人的活动等。

（3）地形设计还应与植物种植规划紧密结合。公园中的块状绿地、密林和草坪，应在地形设计中结合山地、缓坡考虑；水面应考虑水生、湿生、沼生植物等不同的生物学特性改造地形。山林地坡度应小于 33%；草坪坡度不应大于 25%。

（4）地形设计时竖向规划的内容。竖向规划包括下列内容：主要控制点的标高；水体的最高水位、常水位、最低水位；主要道路转折点、交叉点和主要变坡点；全园的排水组织；园内外佳景的相互因借观赏点的地面高程；土方匡算等。

6. 公园中的建筑

公园不仅提供各种绿色开放活动空间，还有各种建筑设施，以满足游人的需求。同时，要使游人便于识别，使用方便。公园的构筑物设施见表 4-6。

表 4-6　公园的构筑物设施

序号	设施类别	设施项目
1	景观设施	花坛、花台、花境、喷泉、假山、溪流、湖池、瀑布、雕塑、广场等

续表

序号	设施类别	设施项目
2	休息设施	亭、廊、花架、榭、舫、台、椅凳等
3	儿童游戏设施	沙坑、秋千、转椅、滑梯、迷宫、爬杆、浪木、攀登架、戏水池、游船等
4	成人游戏设施	健身器具、现代游戏电动机具
5	社会教育设施	植物专类园、动物专类园、温室、阅览室、棋艺室、陈列室、纪念碑、眺望台、文物名胜古迹等
6	服务设施	停车场、厕所、服务中心（包括餐饮部、播音室、小卖部）、饮水台、洗手台、游船码头、电话亭、摄影部、垃圾箱、指示牌、说明牌等
7	管理设施	大门、公园管理处、仓库、材料场、苗圃、派出所、售票处、配电室等

公园内的各种设施都是公园景观的重要组成部分，最好有统一的艺术造型和风格，而且与园内自然景色相协调，起到画龙点睛的作用和艺术效果。例如，在以传统园林特色为主的公园中，建筑的造型一般采用木结构或仿木结构的古典园林建筑形式。根据建筑具体的功能和景观要求及市政设施条件等，确定各类建筑物的位置、高度和空间关系，并提出平面形式和出入口位置。公园管理设施和厕所等建筑物，一般考虑既隐蔽又方便使用的位置。

7. 种植规划

种植规划分为种植类型分布规划和树种规划。

全园的植物种植类型及分布应根据具体城市的气候状况、园外的环境特征、园内的立地条件，结合空间划分、景观构思、防护功能要求和当地居民游赏习惯确定。由于地域条件的不同，各个公园采取的种植措施也不相同。可以分为孤植、散植、群植、丛植、列植、疏林、密林、纯林、混交林、绿篱、草地、地被等。

植物造景是规划中应重点考虑的问题之一。例如杭州植物园“灵峰探梅”景区，以梅花为主，冬春之交，梅花缤纷，是赏梅的好去处。北京植物园的樱花碧桃园，广植桃花，春天里，桃花烂漫，形成了著名的赏桃花景区。北京的“香山红叶”、杭州的“满陇桂雨”等都是突出植物景色的著名公园或景点。

在主要游人经由的路线上，应提出基本遮阴率的要求。如岭南地区终年日照强烈，遮阴率应不小于 70%，而北方地区夏季也应在 50% 以上，冬季则最好在主要游人经由路线上设有遮阴。

在保证景区的艺术特色基础上，植物种类的选择，一般应符合下列规定：适应栽植地段立地条件的地域性植物种类；林下植物具有耐阴性，其根系发展不影响乔木根系的生长；垂直绿化的攀缘植物依照墙体附着情况确定；具有相应抗性的种类；适应栽植地养护管理条件；改善栽植地条件后可以正常生长的、具有特殊意义的种类。

4.3.3 综合公园的容量

1. 公园规划的容量分析

公园设计必须确定公园的游人容量，作为计算各种设施的容量、个数、用地面积及进行公园管理的依据，防止在节假日和举行游园活动时游人过多造成的园内过分拥挤，影响游人游玩娱乐的兴趣，对园内基础设施和绿地造成过度的使用和破坏，以及意外的人员伤亡损失，有必要对游人入园的数量加以限制。

公园游人容量一般按下式计算：

$$C = A/Am$$

式中　C——公园游人容量（人）；

A——公园总面积（m^2）；

Am——公园游人人均占有面积（m^2/ 人）。

市、区级公园游人人均占有公园面积以 60 m^2 为宜，居住区公园、带状公园和居住小区游园以 30 m^2 为宜；近期公园绿地人均指标低的城市，游人人均占有公园面积可酌情降低，但最低游人人均占有公园的陆地面积不得低于 20 m^2。风景名胜公园游人人均占有公园面积宜大于 100 m^2。水面和坡度大于 50% 的陡坡山地面积之和超过总面积的 50% 的公园，游人人均占有公园面积应适当增加（表 4-7）。

表 4-7　水面和陡坡面积较大的公园游人人均占有面积指标

水面和陡坡面积占总面积比例 /%	∞～50	60	70	80
近期游人占有公园面积（$m^2 \cdot 人^{-1}$）	≥ 30	≥ 40	≥ 50	≥ 75
远期游人占有公园面积（$m^2 \cdot 人^{-1}$）	≥ 60	≥ 75	≥ 100	≥ 150

2. 确定公园用地比例

公园用地比例应根据公园类型和陆地面积确定（表 4-8）。制定公园用地比例，目的是确定公园的绿地性质，以免公园内建筑及构筑物面积过大，破坏环境与景观，从而造成城市绿地的减少或被损坏。

表 4-8　综合公园设施设置规定

设施类型	10～20 hm^2	20～50 hm^2	≥ 50 hm^2
1. 儿童游戏	●	●	●
2. 休闲游憩	●	●	●
3. 运动康体	●	●	●
4. 文化科普	○		●
5. 公共服务	●	●	●
6. 商业服务			●
7. 园务管理			●

注：1.“●” 表示应设置，“○” 表示宜设置。

2. 表中数据以上包括本数，以下不包括本数。这里的“●”和“○”分别表示设施在相应规模的公园中是必须设置的还是建议设置的

任务 4.4　现状调研

4.4.1　调查前准备工作

调查前需准备调查工具设备（如无人机、相机、皮尺等）、设计问卷调查表和访谈记录表，并准备好植被调查工具及记录本，确定好调查方案（图 4-12）。

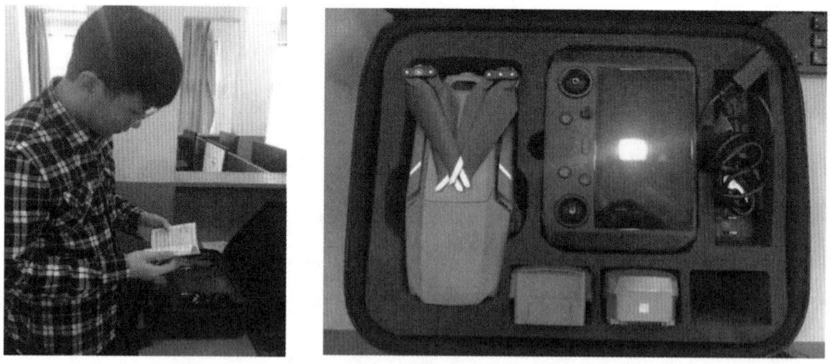

图 4-12　学生提前学习无人机摄影

4.4.2　分组实施调查

（1）无人机倾斜摄影组：获取公园全景资源及相关构园要素的数据（图 4-13）。

（2）问卷调查组：获取不同年龄人群对于公园使用后的感受，作为景观提质改造的依据（附件 4-1、附件 4-2）。

（3）访谈记录组：收集管理方、使用者的关于景观提质改造的意见，实现大众参与设计（图 4-14）。

图 4-13　学生在公园进行无人机摄影

图 4-14　学生在公园进行访谈记录

（4）资源调查组：包括植物资源与风景资源调查（图 4-15）。

图 4-15　师生在公园进行植物资源调查

4.4.3　调查后资料整理

调查小组进行相关数据与资料的整理，形成相关调查结果报告。

附件 4-1：

调查报告：问卷调查报告

调查报告：植被调查报告

调查报告：访谈报告

调查报告：无人机调查报告

烈士公园使用后评价调查问卷

1. 性别：[单选题]*

○男　○女

2. 您的年龄是：[单选题]*

○ 20 ～ 30 岁　○ 30 ～ 40 岁　○ 40 ～ 50 岁

○ 50 岁以上

3. 您的职业是：[单选题]*

○都市白领　○家庭主妇　○退休老人　○其他

4. 来园方式：[单选题]*

○步行　○自行车 / 电动车　○公交地铁　○私家车

○出租车

5. 来园目的：[多选题]*

□亲子休闲　□观光游憩　□健身娱乐　□悼念烈士

□其他

6. 停留时间：[单选题]*

○半小时以内　○半小时到一小时　○一小时到两小时

○两小时以上

7. 来园频率：[单选题]*

○每天都来　○每周数次　○每月数次　○偶尔才来

8. 您活动的主要场地 [填空题]

____

9. 什么吸引你来公园：[多选题]*

□景观宜人　□空气清新　□儿童游乐设施

□纪念烈士　□离家近

10. 座椅、垃圾桶、厕所等服务设施使用是否便利？[单选题]*

○便利　○一般　○不便利

11. 请根据您的实际情况选择最符合的项：1 → 5 表示非常不满意→非常满意 [矩阵量表题]*

项目	1	2	3	4	5
入口数量、位置	○	○	○	○	○
植物种类丰富度	○	○	○	○	○
植物遮阴功能	○	○	○	○	○
植物配置疏密度	○	○	○	○	○

续表

项目	1	2	3	4	5
健身休闲氛围	○	○	○	○	○
园林维护	○	○	○	○	○
园内安全感	○	○	○	○	○
不同的活动场地之间是否有干扰	○	○	○	○	○
纪念塔与周围环境是否协调	○	○	○	○	○
湖水水质	○	○	○	○	○
湖边驳岸处理	○	○	○	○	○
植物的文化主题性	○	○	○	○	○
儿童游乐设施	○	○	○	○	○
水域观光休闲功能	○	○	○	○	○
园内信息化技术服务	○	○	○	○	○

12. 您觉得公园还需要增加或改善的有哪些？［填空题］

附件 4-2：

烈士公园使用后评价访谈记录表

访谈时间		地点		记录人	
访谈对象及背景					
访谈人					
访谈内容					

任务 4.5 规划表达

4.5.1 构思立意

1. 主题确定

纪念性公园是一种综合性的区域，是以特定的人物或事件提供追思和回忆的场所，承载着一个国家或地区的历史进程和文化传承，是寄托人类文化情感的场所。

2. 深化主题

纪念性公园的景观设计元素可以分为自然因素、人工因素和高科技媒介三大方面，通过这些设计元素来传达纪念性公园的理念和情感，如地形、植物、水元素等自然因素，以及雕塑、材料、声音和光影等人工和高科技元素，都能在纪念性公园中发挥重要作用。

3. 概念生成

概念生成过程是设计的初步构思，并建立逻辑思维，可通过线性、环形、放射形、层级形、网络形等逻辑思维生成概念，完成构思与立意（图 4-16）。

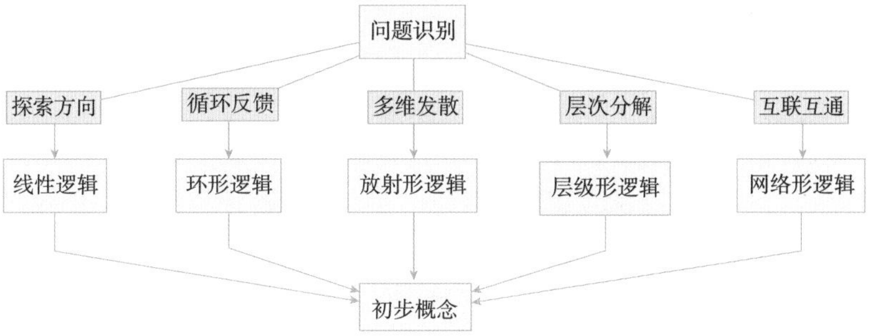

图 4-16　概念生成逻辑

4.5.2　方案草图

在项目的技术经济分析中，为了确保投资决策的科学性和正确性，需要对多个方案进行比选，以获得最优项目方案，掌握多方案的比较与选择方法。参见岳阳市南湖公园景观提质改造方案草图的选择（图 4-17 ～图 4-19）。

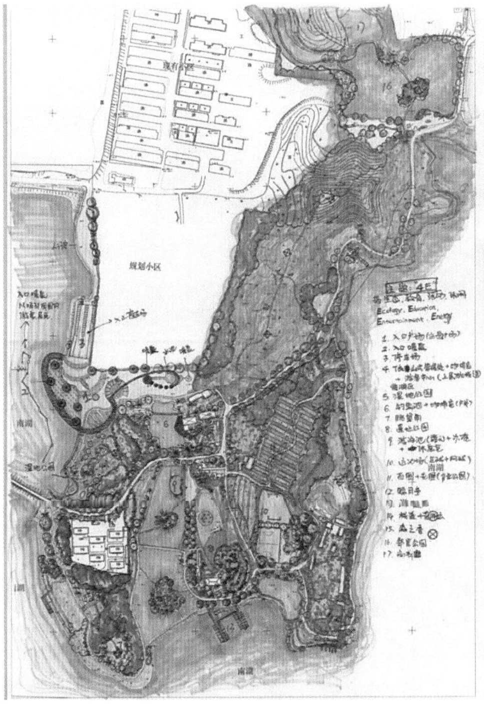

图 4-17　南湖公园规划方案草图一

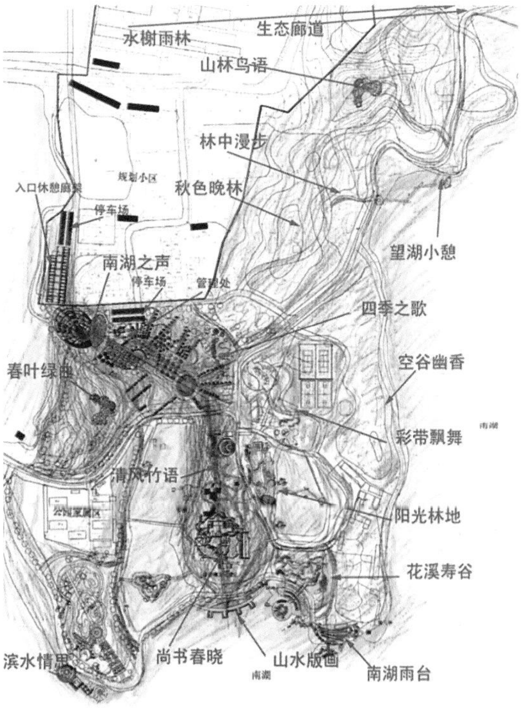

图 4-18　南湖公园规划方案草图二

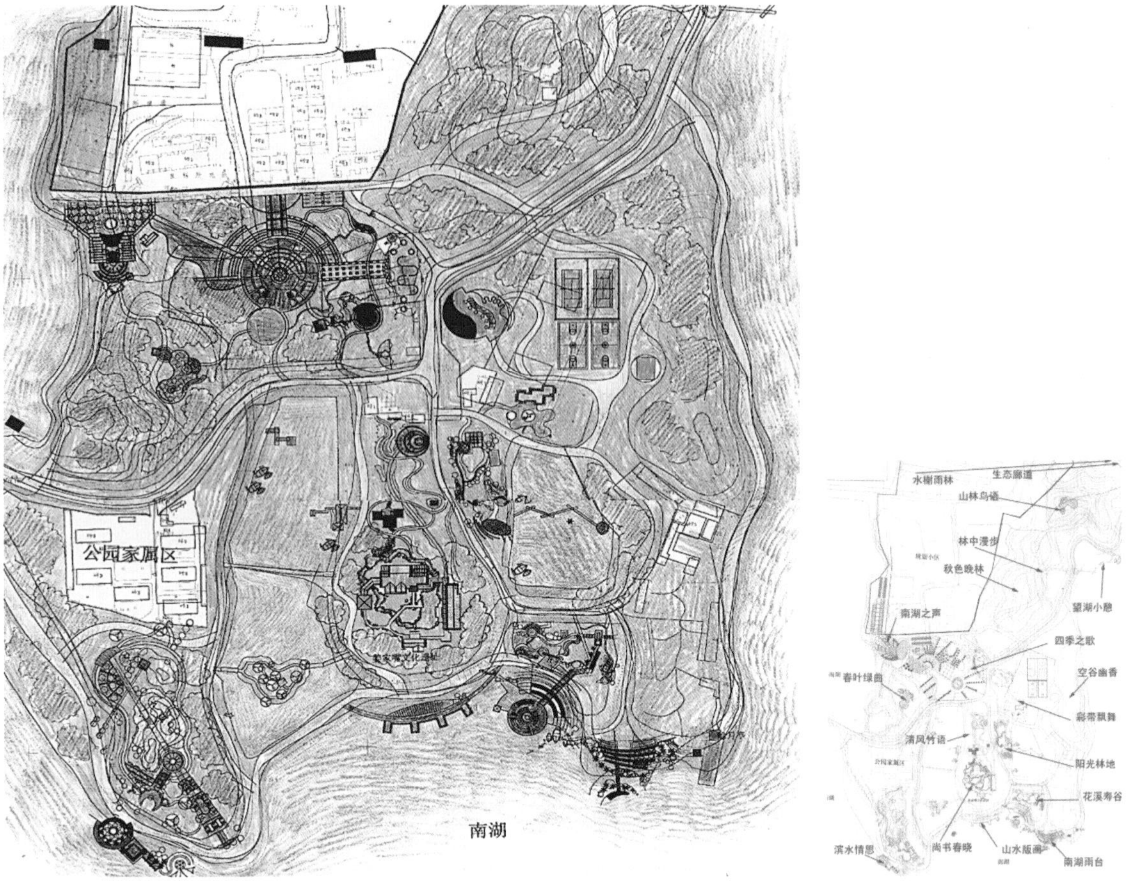

图 4-19　南湖公园规划方案草图三

4.5.3　方案深化

总体设计方案图根据总体设计原则、目标，完善相关内容。第一，与周围环境的关系：主要、次要、专用出入口与市政关系。第二，主要、次要出入口的位置、面积，规划形式，主要出入口的内、外广场，停车场，大门等布局。第三，地形总体规划，道路系统规划。第四，全园建筑物、构筑物等布局情况，建筑平面要能反映总体设计意图。第五，全园植物设计图，图上反映密林、疏林、树丛、草坪、花坛等植物景观。此外，总体设计方案图应准确标明指北针、比例尺、图例等内容。面积在 100 hm^2 以上，比例尺多采用 1 ∶ 2 000 ～ 1 ∶ 5 000；面积在 10 ～ 50 hm^2，比例尺用 1 ∶ 1 000；面积在 8 hm^2 以下，比例尺可用 1 ∶ 500，具体的方案深化过程如图 4-20 所示。

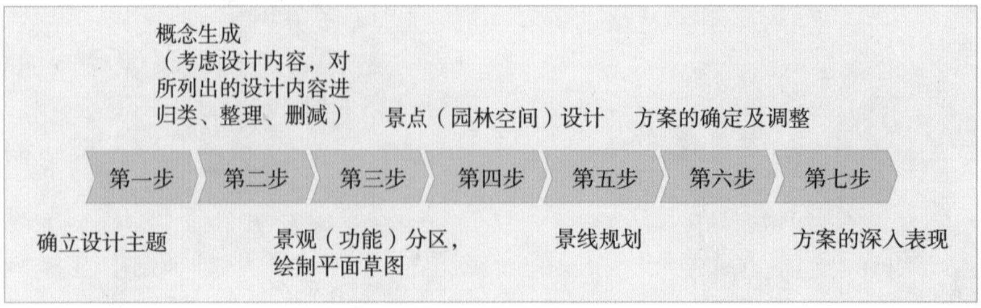

图 4-20　方案深化过程

通过多方案的选择，综合三个方案草图的设计亮点，在方案草图二的基础上，进行方案深化设计，优化和完善方案的功能和景点，深入表现细节，形成岳阳市南湖公园景观提质改造方案（图 4-21）。

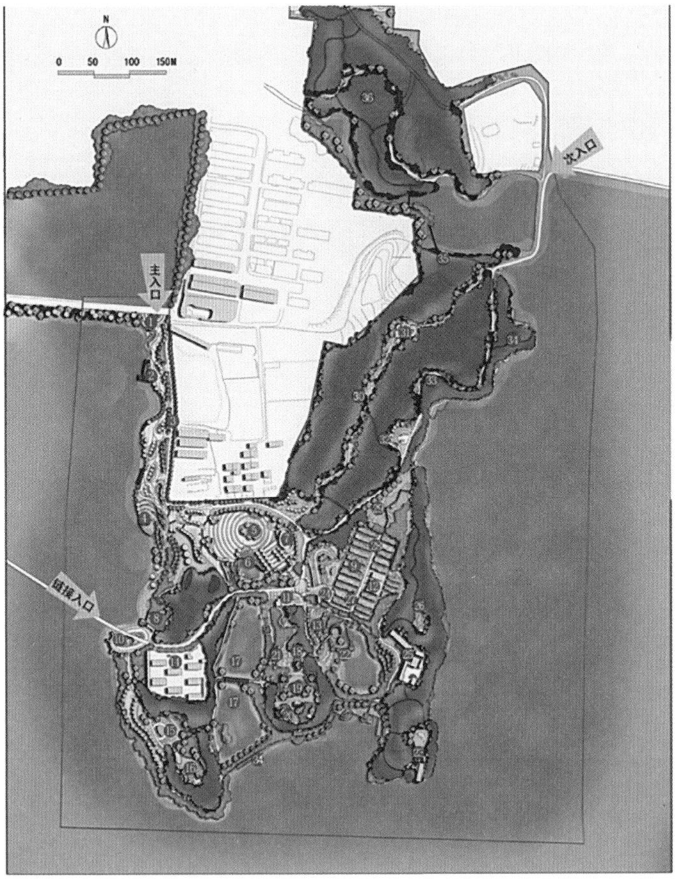

1. 入口广场
2. 沿湖观景路
3. 消防车道
4. 凤灵塔
5. 凤仪广场
6. 荷塘
7. 公园管理处
8. 儿童戏水区
9. 科普文化园
10. 节点观湖广场
11. 茶吧
12. 温室
13. 高柳鸣蝉
14. 公园家属区
15. 休闲娱乐区
16. 好望角
17. 湿地游览区
18. 颜尚书墓
19. 姜家咀遗址公园
20. 姜咀习文
21. 竹境
22. 钓鱼台
23. 南湖赊月
24. 科普展示中心
25. 公共休息区
26. 植物园
27. 盆景展示及销售
28. 产业景观/植物认养
29. 苗圃展示
30. 森林体验区
31. 日出缆胜
32. 攀岩活动
33. 观湖大草坪
34. 观鸟榭
35. 邻里湖区
36. 尚书山

图 4-21　南湖公园总体规划方案

4.5.4　方案成果

1.“秋杏叶抚湘”社区公园景观设计

“秋杏叶抚湘”社区公园景观设计定位为以年轻人使用为主的社区公园，打造一个生态自然，具有欧式风格，兼具现代轻奢风格的公园景观。设计地址于湘江边，园内亮眼的杏树作为景观树，故命名为“秋杏叶抚湘”。

2. 鹰潭市白鹭公园景观设计

鹰潭市白鹭公园位于鹰潭市月湖区东北部，属于城市绿地系统分类规划中的专类公园。白鹭公园东临城市干道梅枫路，北至规划道路 29 号路，西接 27 号规划道路，南面则为城市居住用地。公园是市民休闲、观光、散步、健身等活动的场地，以营造城市生态保护休闲性公园。

方案成果：鹰潭市白鹭公园景观设计作品

任务 4.6 评价总结

运用 AHP 模糊综合评价法，根据公园绿地规划要点，构建了“知 – 意 – 行”3 个目标因子及相应的 10 个准则层因子，精准项目评价，构建了“公园绿地规划”评价模型，见表 4-9。

评价模型：“公园绿地规划”评价模型

表 4-9 “公园绿地规划”评价模型

评测人姓名、单位和评测对象为必填项！		制表日期	
评测人姓名		单位	
评测对象			
序号	评测指标	评测指标说明	评价
1	绿地知识	优 >8 分；中 6 ～ 8 分；差 <6 分	
2	规划要点	优 >8 分；中 6 ～ 8 分；差 <6 分	
3	规划指标	优 >8 分；中 6 ～ 8 分；差 <6 分	
4	调查准备	优 >8 分；中 6 ～ 8 分；差 <6 分	
5	实施调查	优 >8 分；中 6 ～ 8 分；差 <6 分	
6	调查分析	优 >8 分；中 6 ～ 8 分；差 <6 分	
7	构思立意	优 >8 分；中 6 ～ 8 分；差 <6 分	
8	概念规划	优 >8 分；中 6 ～ 8 分；差 <6 分	
9	图纸表现	优 >8 分；中 6 ～ 8 分；差 <6 分	
10	汇报表达	优 >8 分；中 6 ～ 8 分；差 <6 分	

项目5 校园绿地规划

教学单元设计			
课程名称	园林绿地规划	**授课对象**	
授课单元	校园绿地规划	**单元课时**	12课时
授课地点	理实一体化教室	**讲授形式**	混合式教学方法
任务驱动	嫁接**“传统学礼文化”**，以**“某真实校园景观规划”为任务驱动**进行校园绿地概念规划，实现知识、能力、素质、文化思维目标。 理论探究模块：包含大学校园绿地规划的方法与内容，包括校园绿地的功能、设计原则、主体建筑体系、校园交通系统、校园植物景观系统和校园绿地规划设计要点等内容。 实景调研模块：包含实地访谈、实地调查、实地测绘等现状调查工作任务。 项目实操模块：由改造思路、方案的深化、汇报与点评三个环节组成		
文化元素	**经世**：嫁接学礼文化；认识传统文化；增强文化自信		
知识点	1. 校园绿地规划的概念及功能。 2. 校园绿地规划设计的原则。 3. 校园绿地主体建筑体系规划。 4. 校园绿地道路系统规划。 5. 校园绿地植物景观系统规划		
技能点	1. 资料收集与整理能力。 2. 方案赏析能力。 3. 现状调查与场地分析能力。 4. 设计构思图的表达。 5. 方案深化表达能力。 6. 方案汇报能力		
学情分析	1. 通过前续课程“园林制图”“园林建筑设计”“效果手绘表达”的学习，学生已经积累了一定的专业理论知识基底，也掌握了专业制图与规划设计表达的基本制图与手绘功底。 2. 通过本课程总论部分的学习，学生已经基本具有宏观和理论上的系统思维和规划思维能力，但善于模仿，创新意识薄弱，并且缺乏实际项目的操练，动手能力差		
教学目标	1. 知识目标：掌握校园绿地规划的方法与内容，包括校园绿地的主体建筑体系、校园交通系统、植物景观规划等内容。 2. 能力目标：具备校园绿地规划思维能力及相关详细设计表达能力。 3. 素质目标：培养学生独立思考的能力及审美和创造美的能力		
重点难点	教学重点：校园绿地的功能和规划设计内容。 教学难点：校园主体建筑体系规划；校园植物景观规划		

续表

教学策略	创新“知－意－行”五感体验教学模式；全方位调动“眼、脑、耳、手、口”人体五感，结合教学模块，完成能力递进 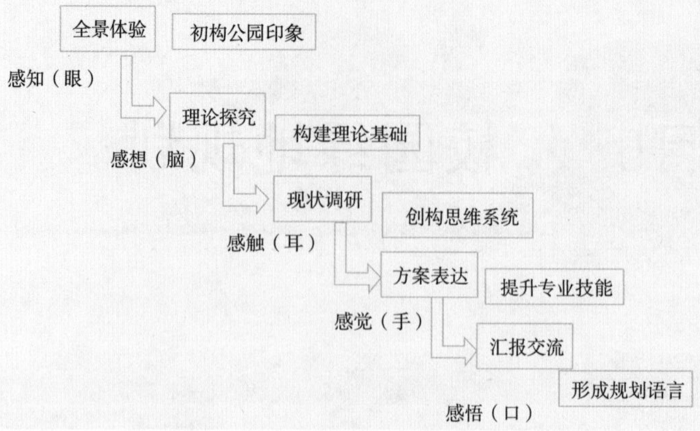
考核评价	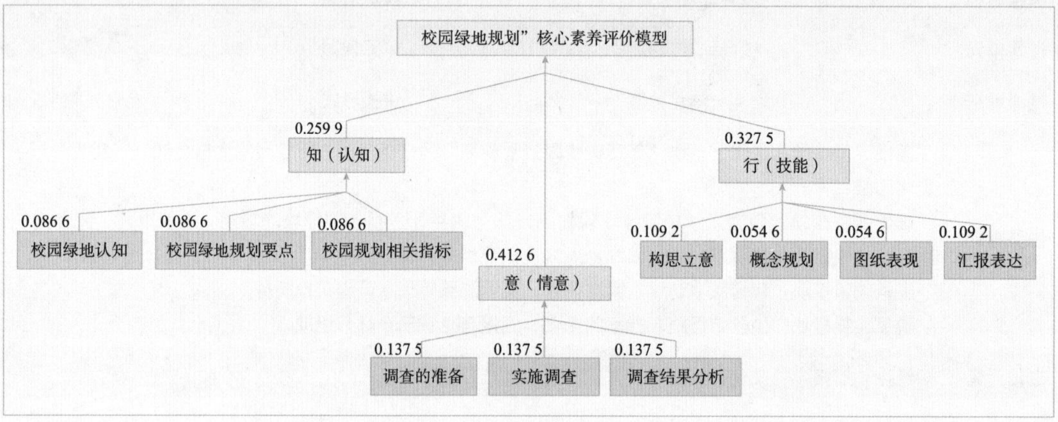

任务 5.1 任务导入

5.1.1 东方儒光：中国古代大学景观

岳麓书院是中国古代“大学”之一，坐落在岳麓山下，面朝湘江，以“礼乐之道”与自然互动，实现山水化育、礼乐大成的儒家教育目标。一座千年庭院，一部中国文化史，它的每一寸土地，每一块砖瓦，每一根梁柱，都蕴含着深厚的文化，需要我们细细去品读。今天，我们一起走进《东方儒光：中国古代的大学景观——官学和书院》。

课程素养微课：“东方儒光”中国古代大学景观

主题讨论：你心中的最美校园。

5.1.2 大学校园绿地概念规划任务书

1. 实训目的

实操模块是全面、系统地掌握所学专业知识的重要组成部分。它具有综合性强、涉及面广和实践性强等显著特点。通过这一重要环节，培养学生具有综合运用所学的有关理论知识独立分析、解决实际问题的能力，为其接下来走上工作岗位从事有关实际工作打下一个良好的基础。

2. 实训分组

根据学生的学习情况，采用分层教学法，参照真实岗位分工进行项目分组，成立 3 个项目组，每

组 6 人（组长 1 人、功能区责任人 4 人、资料员 1 人），分别进行相关角色扮演，共同完成总任务。课程团队配有 3 位指导教师，一对一全过程跟踪指导 3 个项目组。

3. 实训时间

具体时间根据教学进度调整。

4. 实训流程

根据总任务目标，发布 4 个子任务：

（1）寻找优秀的大学校园规划案例。

（2）大学校园实地调研。

（3）大学校园绿地规划方案的表达与深化。

（4）大学校园绿地规划方案 PPT 的制作与汇报。具体实训流程见表 5-1。

表 5-1　实训流程

序号	任务安排
一	寻找优秀的大学校园规划案例（上传平台）
二	现状调研与场地分析（实训报告上传平台）
三	大学校园绿地规划的构思与立意（改造思路图上传平台）
四	大学校园绿地规划方案深化（PS 总平面图上传平台）
五	大学校园绿地规划方案 PPT 的制作与汇报（ppt 上传平台）

5. 实训底图

可选取自己身边的大学校园景观进行提质改造，通过调查或相关部门获取校园地形底图进行校园绿地概念规划实训，也可选取本书提供的真实校园地形底图进行模拟实训。

6. 实训要求

实训底图：校园实训底图

（1）设计构思与草图：设计说明（包括构思定位、功能分区、景点介绍、道路交通、植物设计）、方案草图、设计构思图。

（2）CAD 部分（上交）：CAD 平面方案图、CAD 植物配置图。方案设计要根据场地需求合理考虑周边环境，必须包含园林四大要素：山（微地形或假山）、水景、小品（形式多样）、植物。园林植物配置必须考虑空间层次和季相变化等四时景观。

（3）PS 部分（上交）：PS 总彩平图（包含比例尺、指北针、图名、图例）、景点说明图、功能分区图、交通分析图、意向图片（包括植物群落、植物单体、铺装、园林小品）。

7. 考核方式

校园绿地规划评价模型如图 5-1 所示。

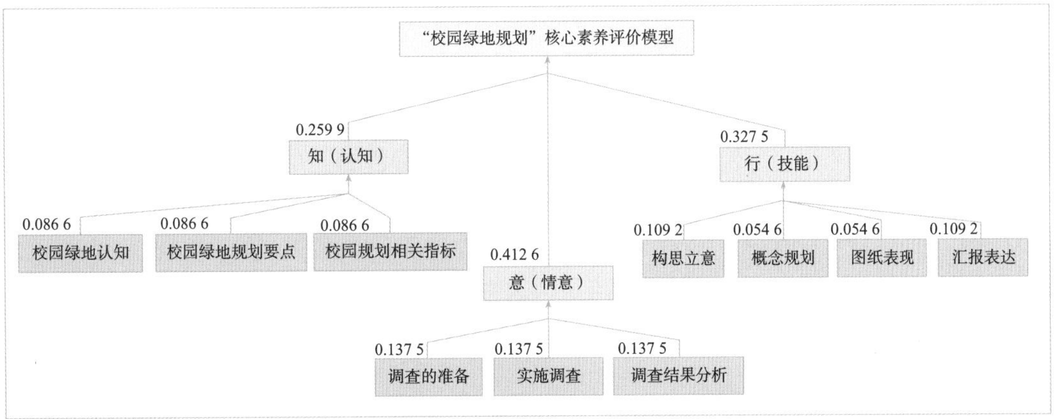

图 5-1　校园绿地规划评价模型（由 AHP 评价模型导出）

任务 5.2 案例精讲

5.2.1 望城南雅中学景观项目

2002 年，应基础教育均衡发展的需要，百年名校雅礼中学创办雅礼（寄宿制）中学；2005 年，雅礼（寄宿制）中学更名为南雅中学。2015 年，南雅中学由民办学校转制为公办完全中学，围绕立德树人根本任务，南雅中学坚持“为学生终身发展奠基”的办学理念，恪守“公勤诚朴”四字校训，以课程建设为根本载体，培养“阳光学生”；以教师发展为根本依托，发展“智慧教师”；以涵养生命气象为根本旨归，建设“幸福学校”。

案例精讲：解析望城南雅中学景观项目

5.2.2 沈阳建筑大学校园景观项目

沈阳建筑大学原名沈阳建筑工程学院，位于辽宁省沈阳市，始建于 1948 年，是一所以土建类专业为主，工学、文学、理学、管理学、农学等多学科交叉渗透、协调发展的高等院校。为发展需要，该学校从沈阳市中心搬往浑南新区。新校园总占地面积 80 hm^2，一期建筑面积 30 万平方米。在新校园的总体规划和建筑设计基础上，2002 年年初，校方委托北京土人景观规划设计研究院进行整体场地设计和景观规划设计。

案例精讲：解析沈阳建筑大学校园景观项目

任务 5.3 理论探究

5.3.1 校园绿地概述

1. 校园绿地的定义

根据《城市绿地分类标准》（CJJ/T 85—2017），校园绿地属于附属绿地中的公共管理与公共服务设施用地，大学校园绿地规划是在高校特定区域内，利用其空间形态、植物配置、园林小品、环境品格、人文景观，运用传统园林学、生态学、环境心理学、行为科学等综合知识，营造符合师生员工行为与精神需求的优美环境的一门学问，同时也是一项专业工作。

微课：校园绿地概述

校园绿化是成功地进行学校教育工作的重要组成部分，校园绿化对学生具有潜移默化的影响，重视教育也应体现在为其营造适合大学校园特点的绿化环境。高等院校同时要满足教学、研究、生活、交往的各种不同需求，随着社会文化、科学技术、经济水平及城市环境艺术水平的发展提高，随着现代大学教育的不断发展与变革，大学对校园绿化品质的要求更高。

在大学校园环境的建设中，校园绿化是校园环境面貌和特色的一个重要方面，是联系校内各功能区的必要手段，对发挥校园环境的生态功能、提高环境品质、塑造人文环境、划分空间与营造景观等起着重要作用。

我国高校经过多年的发展建设，其水平有了较大幅度的提高，但仍存在一些问题和不足，需要规划、建设和管理者三方共同努力去发现、分析、总结和提高。

2. 校园绿地的功能

（1）生态功能。绿化植物具有放出氧气、净化空气、调节温湿度、隔声减噪等生态功能，师生学习和工作需要良好的校园环境以保持头脑的灵活，保持空气的清新是至关重要的。据国外研究，如果城市中每人可以有 10 m^2 树林或 23 m^2 草坪，就能自动调节空气中二氧化碳和氧气的比例，使空气新鲜。

（2）心理和生理功能。绿地反射的光线可以激发人们的生理活力，使人们在心理上感觉平静，而且绿色使人感到舒适，能调节人的神经系统，在树木繁盛的绿色空间，可使眼睛减轻和消除疲劳，尤其对于用眼较多的脑力劳动者，如学生、教师和科技工作者等。

（3）美观功能。校园景观绿化平面上往往形成点、线、面的格局，点、线、面交替运用，上、中、下穿插渗透，构成了多层次的、丰富的绿化景观。植物优美的姿态、和谐的颜色搭配、合理美观的配置、精致的小品和美观的雕塑，都能给人以美的享受。

（4）实用功能。校园绿地不仅要有辅助教学任务完成的功能，还要满足学生室外读书和游憩的基本要求；校园绿地为师生提供了一个调节视力疲劳的开阔视野，同时还可以成为一个课间文体活动的场所；绿地具有构成空间的功能，是外部空间的构成元素之一，起到围合、分隔、引导空间的作用。

（5）文化功能。校园绿地是师生学习、交流的第二课堂，为师生提供了一个良好的学习、交流、锻炼、娱乐和休闲的场所。同时，校园绿地也是校园文化和审美情趣的体现。

大学师生有着较高的审美情趣和艺术欣赏水平，大学校园绿地需建成融文化性和艺术性为一体的高品位环境，才能够寓教于景，环境育人。

3. 校园绿地规划设计原则

（1）动态开放、可持续发展原则。随着经济、科技及规划理论的发展，大学总处于一种不确定的状态之中，因此，规划可以分期实施，定下远期发展脉络，同时要考虑校园各区平衡发展，留有一定预期用地，使规划结构多样、协调、富有弹性，适应未来变化，满足可持续发展。

（2）绿色生态、节约原则。在规划设计中，应充分利用自然条件保护和构建校园的生态系统。校园建设过程中应控制建筑用地比例，保留足够的绿化用地，同时采取一些积极措施促进校园生态的均衡协调发展，如校园生物的繁衍、水体净化、筑巢引鸟等。注重生物多样性，使用乡土植物，借鉴地带性植物群落的种类组成、结构特点和演替规律，科学而艺术地再现地带性植物群落，使管理和养护成本最低。

沈阳建筑大学的校园绿地将雨洪管理与再利用结合在一起。用校园绿地收集校园内的雨水、积水成为园中的水池，然后将这些水用于水稻的灌溉，让稻田在生产的同时，满足校园的服务功能。设计师在满足实用性、文化性和功能完整性的前提下，把环保节能这个观念贯穿整个规划设计工作中（图 5-2）。

图 5-2　沈阳建筑大学校园实景

（3）文脉导向原则。校园规划应与校园文化建设同步进行，注重校园的历史文脉发掘，将校园的特色点放大，使校园的个性化意象模型得以建立。将学科、专业特点融于校园绿化中，建成植物园式的校园环境，培养学生热爱校园、热爱专业的思想，真正体现“一草一木都参与教育”的思想。同时，充分挖掘植物的文化内涵，塑造符合高校校园文化内涵的绿化艺术形象，如松树象征坚贞不屈、竹子象征高风亮节、梅花象征临寒独秀等，使师生通过联想激发高尚情操，受到美的熏陶。如图 5-3 所示，肆意生长的树枝掩映着西安美术学院的大门，古朴厚重的历史感扑面而来。在校园中也总能见到独具北方特色的民间石刻艺术——拴马桩，它们或卧、或坐、或立，各不相同又十分吸睛，这些都成为校外人识别学校的标志。

图 5-3　西安美术学院校园实景

5.3.2　校园绿地规划的主要内容

1. 校园主体建筑体系

校园主体建筑体系是校园景观规划的主要构成部分，对校园景观规划的好坏起到决定作用。校园主体建筑体系规划应该注意校前区、校园中心区、开敞空间体系三个方面的问题。

微课：校园绿地规划内容

（1）校前区。校前区就是大学校园“门内 + 门外”的空间。一方面展现大学面貌标识性区域，另一方面也是校园学术文化氛围和社会商业服务集中融合的焦点界面，在组成形态和构成模式上有着独特的意义。此空间不仅包括大门建筑，还应包括停车场、传达室、零售商店等配套设施。校园入口应该由大门前的引导缓冲空间、大门建筑、周边环境、地面铺装、植物的配置，以及透视到校园内部的景致共同决定和构成。斯坦福大学的出入口由棕榈树形成引道，经过浓密的树荫之后进入一片开阔的草坪，广场与金黄色屋顶的建筑相映衬，给人以热情、活力的感觉，这样的校园环境让人无限向往（图 5-4）。同济大学以建筑闻名，它的大门体现了学术专长，高大的方形大门与两旁的建筑相得益彰，既是连接过渡，又是一种变奏，雄伟又不失简洁（图 5-5）。

图 5-4　斯坦福大学校门

图 5-5　同济大学校门

（2）校园中心区。校园中心区是一个学校不可或缺的空间中心。它通常是由师生公共使用的建筑如图书馆、大礼堂、主教学楼、行政事务管理区等合围而成的广场空间，校区地域广阔，可能还会由数个建筑群形成特征不同的次要中心。这个区域的环境景观要在满足使用功能的同时，又能体现大学校园的特色和魅力。在西北农林科技大学新校区的规划设计中，校园中心区以图书馆为中心紧临人工湖，以教学楼和行政楼为两翼，环抱东向的一片坡地，形成古式下沉剧场的特点，具有丰富高差的视觉感观，是极富特色的环境景观（图 5-6）。

图 5-6　西北农林科技大学中心区

（3）开敞空间体系。开敞空间体系是体现校园外部空间质量的重要方面。校园景观规划应该根据具体情况制定不同的规划目标，并采用不同处理手法以形成多样的、分层次的、宜人的空间特征。一些建筑密度过高的校园，就是由于缺少外部开敞空间体系而使校园魅力大打折扣。

2. 校园交通系统

道路系统是校园脉络，校园要求宁静，需要良好的交通秩序，校园道路交通以不干扰教学、生活为原则进行组织。

（1）减少机动车对校园的干扰。校园道路对外交通应与周围城市道路交通系统相协调，同时应合理设置出入口和校前区来减少对周围城市交通的干扰和影响。对内进行交通规划时，要将行人的需求放在校园交通系统的中心，如有人车分流、将机动车从校园中心请出、重新组织服务性出入口的设置、将机动车停车场设置到校园边缘等策略。这样的好处是获得更好的景观和更多的开放空间；为行人营造更为安全和清晰的交通系统；激发更为活跃室外活动和社会交往的校园生活等。

（2）完善道路分级。校园道路要便捷通畅、结构清晰，符合人流及车流的规律，根据人车流量将道路等级划分为主干道、次干道、步行道、校园小径。从可容纳大流量人群的主干道到更为私密的小径，为不同的交通需求设置不同等级的道路，有助于提高通行效率和道路的可识别性。贯穿校园的主干道，应在道路宽度、铺装、植被选择等方面，与次干道有着明显的视觉区别。

（3）步行导向街道设计。校园道路以人流为重点，规划安全、流畅的交通网络，校园道路以人车分流为原则来规划适应现代校园环境的使用要求。出于通行和服务的需求，机动车仍应保留到达校园各个角落的可能性，但在系统设计时，需要有意识地将其重要性让位于步行交通。

为此，校园应在街道设计上，形成清晰而连续的层级系统，并通过布局、景观等手段，突出步行优于汽车的通行组织理念。

（4）创造特征明显、环境优美的道路景观。经过良好设计，有着特征明显、环境优美的道路景观，将吸引更多的人使用，反之又提升了整个交通系统的活力。

3. 校园植物景观系统

校园绿化要以植物造景为主，即尽可能地选择各类乔灌木和地被植物，发挥植物的形体、线条、色彩等自然美，形成错落有序的多层次和多色彩的植物景观，配置成一幅幅美丽动人的画面，供人们观赏，以最大限度发挥绿地的生态效益，实现校园环境、功能、经济、资源的优化，创造一个可持续发展的校园环境，让学生在校园生活中感受到自然的亲和与人文的魅力。

校园绿化规划一般采用“突出点，重视线，点、线、面相结合”的绿化系统，形成“大面积”和“多样化”的园林绿化特点。“点”是指建筑基础周围绿化、局部绿地等。“线”是指沿主干道形成的带状绿化，校园道路是校园的骨架，对校园道路绿化要予以高度重视，特别是主干道路网两侧的绿化，需采用“高中低”三个层次，既要有“一路一树”的高大景观树，又要有花灌木与耐阴花卉、草坪地被。“面”是指在重点地块种植大片绿地，在大面积的生态绿化区以种植高大乔木为主，辅以各种多样的植物群落，起到改善小气候环境和创造优美景观的重要作用。“多样”是指绿化方式。

校园植物景观设计原则可归纳总结为以下几方面：

（1）围绕校园总体规划进行，与校园环境相统一，是总体规划的补充和完善；

（2）以植物造景为主，做到“乔木、灌木和草本”“慢生树种与速生树种”“常绿树与落叶树”“绿色与开花”等的结合和配置比例，适当配置珍贵稀有名花，丰富校园季相景观；

（3）注重乡土树种的选择；

（4）注意植物的生态习性和种植方式；

（5）按照校园的功能分区进行绿地系统规划，使各功能区能形成各自的景观特色；

（6）适当点缀园林小品丰富校园景观。

4. 校园规划相关指标

许多现当代研究表明：紧凑的环境增加人们交往的机会。在适宜密度的社区里，人们往往更容易相互结识，并因而培养社区意识和身份认同。人们相遇的概率越大，自发交往和思想交流的机会就越多。更多地鼓励这样的交流，是实现学习型校园并最大限度激发创新互动的环境价值所在。

掌握容积率、建筑密度这些指标，可以用于量化比较不同空间的密度水平，从而作为校园规划的依据。比如，对于远离城市中心的郊区校园，往往校园的整体密度不高，因此为了最大限度提高师生在校园的会面机会，就需要在校园的核心区提高其密度。

（1）容积率（*FAR*）。容积率是反映独立于建筑布局外的校园总建筑面积（*FAB*）与校园总用地面积（*TCA*）的关系。

$$FAR=FAB/TCA$$

（2）建筑密度（*BCR*）。建筑密度是表征建筑占地面积（*FIB*）与校园总用地面积（TCA）的比值关系。

$$BCR=FIB/TCA$$

任务 5.4 现状调研

5.4.1 调查前准备工作

调查前需准备调查工具设备（如无人机、相机、皮尺等）、空间功能区分类调查表、校园学礼文化景观元素分类调查表，并准备好植被调查工具及记录本，确定好调查方案。

5.4.2　分组实施调查

学生通过表 5-2、表 5-3 调查统计某大学校园内的文化景观元素及现有的植物资源来作为景观提质改造的依据。

表 5-2　校园空间功能区分类调查表

功能分区	校园文化景观元素	备注
教学空间	教室室内设计陈列，如讲台、戒尺、纸墨笔砚摆台、名人名言警句、名人雕塑等	
生活空间	宿舍区域的景观、建筑、室内陈列等	
公共空间（交往、休闲、运动）	成人礼广场、文化广场、娃娃农园、操场、运动场、运动设施等	
入口空间	入口标识、门牌、入口小景等	

表 5-3　校园学礼文化景观元素调查表（按景观构成要素分类调查）

景观构成要素	校园文化景观元素	备注
布局（地形）	校园平面布局图及鸟瞰图等	
建筑	综合办公楼、图书馆、教室、宿舍等建筑单体的外观、名字、室内陈列等 园林建筑：亭、廊、桥、雕塑、标识系统等	
园路及广场	景观大道、林荫大道、休闲小径、中心广场、休闲广场等	
植物	植物景观包括植物群落、植物种类、植物文化等	

5.4.3　调查后资料整理

调查小组进行相关数据与资料的整理，形成最终的实训报告。

调查报告：民政学院调查报告

调查报告：女子学院调查报告

任务 5.5　规划表达

5.5.1　构思立意

1. 主题确定

大学校园绿地环境作为校园物质文明的一个侧面，必须在更深层次上反映校园的精神与文化内涵，为培养未来的高科技人才创造良好的学习和工作环境，绿地要符合师生工作、学习和生活的需要，并有利于促进身心健康。

以长沙市雨花区某大学校园为例，场地整个呈长方形，较为规整，设计主题“青致园”源自《汉书·冯奉世传》中“青衿之志，履践致远”，意表示少年人应努力学习，打好基础，方能实现自己的志向，走得更远。青致园也是少年人追求志向的象征，同学们的求学之旅在小游园中体现得淋漓尽致。

2. 深化主题

近代以来，我国教育制度和办学理念全盘西化，古代大学中的学礼景观在当代校园文化建设中也随之衰微，传统的学礼文化空间随着传统学礼礼仪活动的衰微，也改作他用或毁坏。因此，要让传统礼仪融入现代校园，需要校园文化景观在建筑文化形态和文化景观符号中传承传统学理要义及象征意义（图 5-7）。

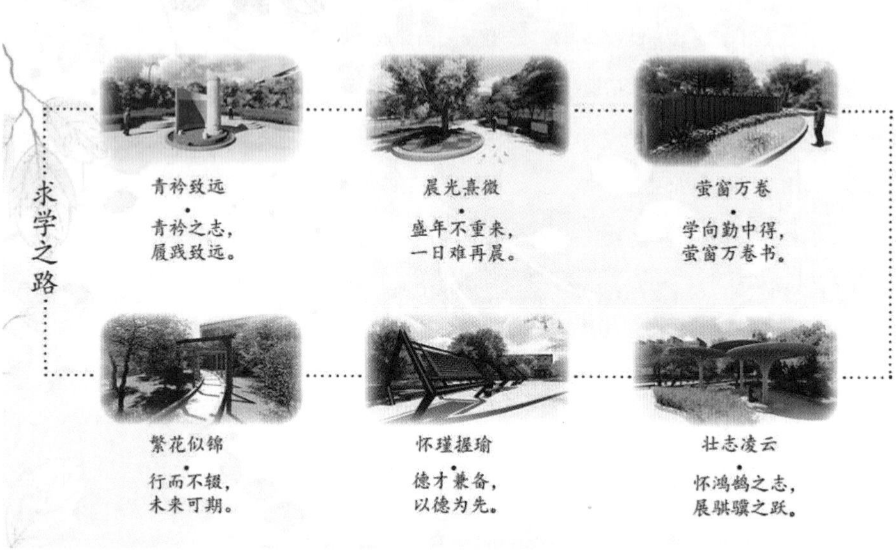

图 5-7 “青致园”主题深化

3. 概念生成

概念生成过程是设计的初步构思，并建立逻辑思维，可通过线性、环形、放射形、层级形、网络形等逻辑思维生成概念，完成构思与立意（图 5-8）。

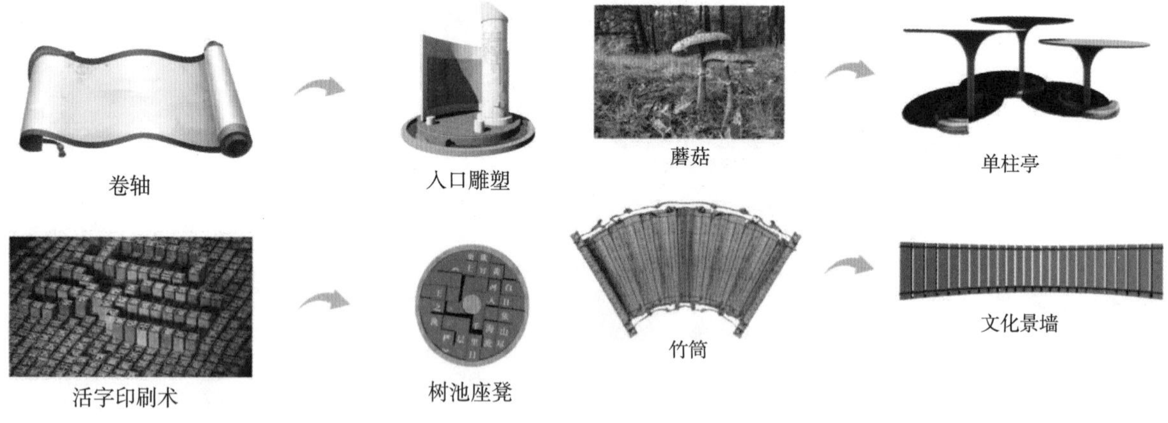

图 5-8 “青致园”概念生成

5.5.2 方案深化

总体设计方案图根据总体设计原则、目标，完善相关内容。第一，与周围环境的关系：主要、次要、专用出入口与市政关系。第二，主要、次要出入口的位置、面积，规划形式，主要出入口的内、外广场，停车场，大门等布局。第三，地形总体规划，道路系统规划。第四，全园建筑物、构筑物等布局情况，建筑平面要能反映总体设计意图。第五，全园植物设计图，图上反映密林、疏林、树丛、草坪、花坛等植物景观。此外，总体设计方案图应准确标明指北针、比例尺、图例等内容。面积在 100 hm^2 以上，比例尺多采用 1 ∶ 2 000 ～ 1 ∶ 5 000；面积为 10 ～ 50 hm^2，比例尺用 1 ∶ 1 000；面积在 8 hm^2 以下，比例尺可用 1 ∶ 500。

“青致园”校园绿地共五个功能分区，分别是入口景观区、中心水景区、集散广场区、科普宣传区和安静休息区，并且设置了以下景点：青衿致远、晨光熹微、萤窗万卷、壮志凌云、竹烟波月、怀瑾握瑜、繁花似锦、烟云若台、浮光洒台、月枕安桥、波光潋滟、亿鹤华亭、幽静广场、华盖朵朵、栖风画廊、疏影暗香、清风广场，集休闲、娱乐、学习和科普于一体，为学生的校园生活带来无穷乐趣（图 5-9）。

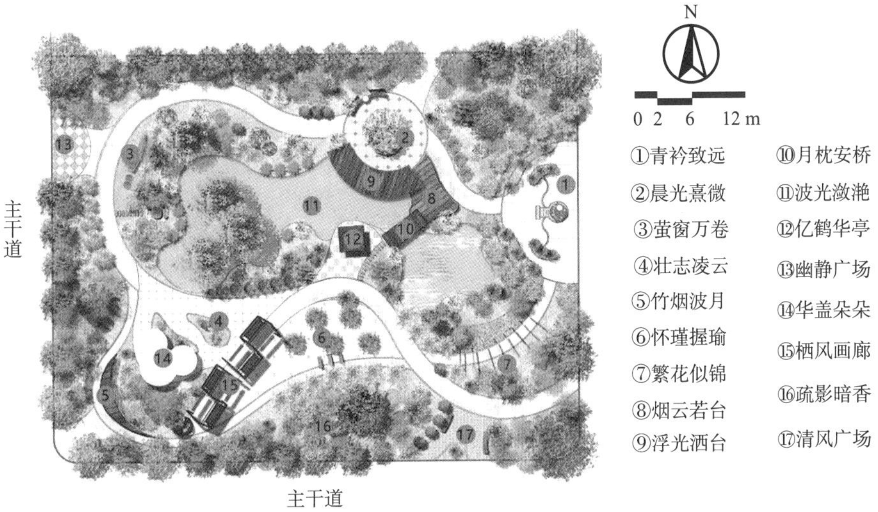

图 5-9　“青致园”方案深化

5.5.3　方案成果

1. 湖南第一师范校园中庭景观设计

“凤凰鸣矣，于彼高冈。梧桐生矣，于彼朝阳。”（《诗经 · 大雅 · 卷阿》）设计注重建筑的灵活分散布局，由园路形成空间主轴，贯穿庭院与广场，既空间丰富又土方平衡，与自然式水景相交形成空间节点与空间次轴。

方案成果：湖南第一师范校园中庭景观设计作品

设计打造“无一时不可学，无一处不可学”的多种学习空间的校园，在有限的空间范围，结合平整的园路与起伏成坡的二层绿轴，布置多处开放式、多功能、可变化的“乐和空间”，赋予师生交流、共享、活动、教学、演艺等可能，丰富校园活动，增添快乐氛围，提供丰富休验与游戏乐趣，促进师生互动和多变可能。

整个庭院的形态模拟凤凰的翎羽向两翼张开，轻盈姿态宛如翩翩起舞的灵动舞者，象征着“有凤来仪，展翅冲天”的美好寓意。

2. 长沙民政职院校园中心景观设计

方案成果：长沙民政职院校园中心景观设计作品

根据规划功能分区，全园有**教学**区、体育运动区、生活休闲区三大部分功能区，由此展开景观规划布局结构，**“三心两轴，一带五区”**，点、线、面充分融合。**三心**：

德善广场、志远广场、德馨广场。**两轴**：南北为全园的中心景观轴线，是全校的精神象征与交流活动核心，景观次轴线是六八广场到思源广场，它经过渊源湖、学思园和桃李坛。**一带**：将德善广场、阅文园、志远广场、笃行园、学思园绿化带串联起来的生态绿带。**五区**：生活休闲区、学生学习区、入口景观区、主景区、森林漫步区。

任务 5.6 评价总结

运用 AHP 模糊综合评价法，根据校园绿地规划要点，构建了“知－意－行”3 个目标因子及相应的 10 个准则层因子，精准项目评价，构建了“校园绿地规划”评价模型见表 5-4。

评价模型：“校园绿地规划”评价模型

表 5-4 “校园绿地规划”评价模型

评测人姓名、单位和评测对象为必填项！		制表日期	
评测人姓名		单位	
评测对象			
序号	评测指标	评测指标说明	评价
1	绿地知识	优 >8 分；中 6～8 分；差 <6 分	
2	规划要点	优 >8 分；中 6～8 分；差 <6 分	
3	规划指标	优 >8 分；中 6～8 分；差 <6 分	
4	调查准备	优 >8 分；中 6～8 分；差 <6 分	
5	实施调查	优 >8 分；中 6～8 分；差 <6 分	
6	调查分析	优 >8 分；中 6～8 分；差 <6 分	
7	构思立意	优 >8 分；中 6～8 分；差 <6 分	
8	概念规划	优 >8 分；中 6～8 分；差 <6 分	
9	图纸表现	优 >8 分；中 6～8 分；差 <6 分	
10	汇报表达	优 >8 分；中 6～8 分；差 <6 分	

项目6 住区绿地规划

教学单元设计			
课程名称	园林绿地规划	**授课对象**	
授课单元	住区绿地规划	**单元课时**	12 课时
授课地点	理实一体化教室	**讲授形式**	混合式教学方法
任务驱动	嫁接**“和美文化”，以“某真实住区绿地规划”为任务驱动**进行住区绿地概念规划，实现知识、能力、素质、文化思维目标。 理论探究模块：包含住区绿地规划的方法与内容，包括居住区的定义、设计原则、各种类型住区绿地的规划设计、植物规划等内容。 实景调研模块：包含实地访谈、问卷调查、实地测绘等现状调查工作任务。 项目实操模块：由改造思路、方案的深化、汇报与点评三个环节组成		
文化元素	致用：嫁接和美文化；追求美好生活；提升公民素质		
知识点	1. 居住区的概念及作用。 2. 居住区绿地的分类。 3. 居住区绿地规划设计的原则。 4. 居住区绿地规划设计的相关指标。 5. 公共绿地规划设计。 6. 宅旁绿地规划设计。 7. 道路绿地规划设计。 8. 公共服务设施所属绿地规划设计		
技能点	1. 资料收集与整理能力。 2. 方案赏析能力。 3. 现状调查与场地分析能力。 4. 设计构思图的表达。 5. 方案草图的手绘表达。 6. 方案深化表达能力。 7. 方案汇报能力		
学情分析	1. 通过前续课程“园林制图”“园林设计初步”“效果手绘表达”的学习，学生已经积累了一定的专业理论知识基底，也掌握了专业制图与规划设计表达的基本制图与手绘功底。 2. 通过本课程总论部分的学习，学生已经基本具有宏观和理论上的系统思维和规划思维能力，但善于模仿，创新意识薄弱，并且缺乏实际项日的操练，动手能力差		
教学目标	1. 知识目标：掌握居住小区规划的方法与内容，包括居住区的定义、设计原则、各种类型居住绿地的规划设计、植物规划等内容。 2. 能力目标：具备居住区绿地规划思维能力及相关详细设计表达能力。 3. 素质目标：培养学生发现问题、分析问题、解决问题的自主学习能力及团队协助能力		
重点难点	教学重点：居住区绿地规划设计内容和设计要点。 教学难点：居住区景观设计相关规范；各类型居住区绿地的详细设计表达		

续表

教学策略	**创新“知－意－行”五感体验教学模式；全方位调动“眼、脑、耳、手、口”人体五感，结合教学模块，完成能力递进。** 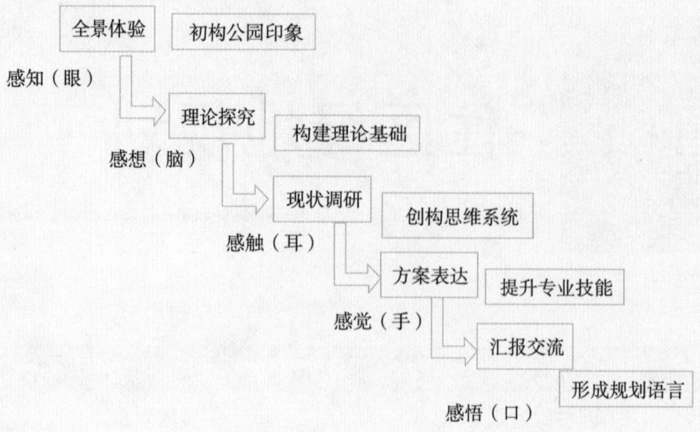
考核评价	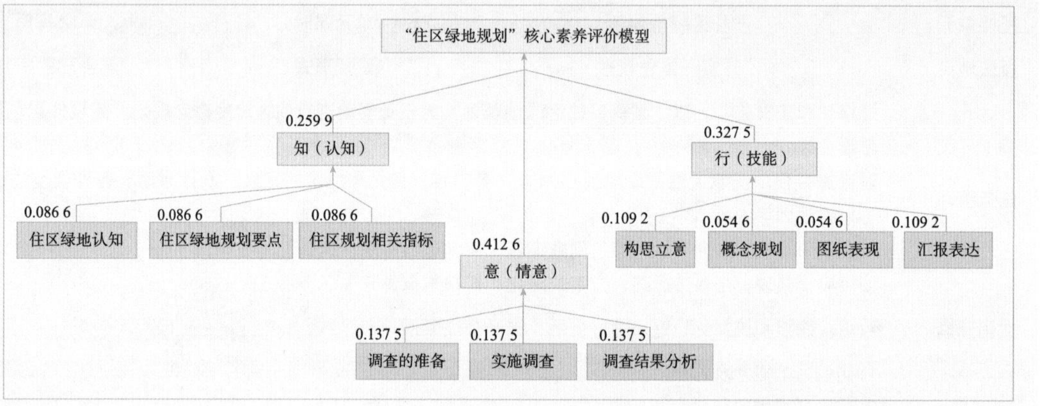

任务 6.1 任务导入

6.1.1 和美人居：贝聿铭和他的祖宅“狮子林”

课程素养微课：“和美人居”贝聿铭和他的祖宅“狮子林”

“狮子林”始建于元代，是中国古典私家园林建筑的代表之一，属于苏州四大名园之一，也是世界建筑大师贝聿铭的祖宅。“狮子林”位于苏州城内东北部，因园内石峰林立，多状似狮子，故名“狮子林”。你知道“狮子林”为什么能成为苏州四大名园之一吗？它与世界建筑大师贝聿铭之间又有怎样的故事？今天，带你走进狮子林，看看中国传统文化如何在这小小庭院里进行传承与发扬，和美的居住环境又能对人们产生怎样的影响？

主题讨论：你最向往的家园是什么样子？

6.1.2 住区绿地概念设计任务书

1. 实训目的

实操模块是全面、系统地掌握所学专业知识的重要组成部分。它具有综合性强、涉及面广和实践性强等显著特点。通过这一重要环节，培养学生具有综合运用所学的有关理论知识去独立分析、解决实际问题的能力，为其接下来走上工作岗位从事有关实际工作打下一个良好的基础。

2. 实训分组

根据学生的学习情况，采用分层教学法，参照真实岗位分工进行项目分组，成立 3 个项目组，每

组 6 人（组长 1 人、功能区责任人 4 人、资料员 1 人），分别进行相关角色扮演，共同完成总任务。课程团队配有 3 位指导教师，一对一全过程跟踪指导 3 个项目组。

3. 实训时间

具体时间根据教学进度调整。

4. 实训流程

根据总任务目标，发布 4 个子任务：

（1）寻找优秀的居住区规划案例。

（2）居住区实地调研与方案草图的绘制。

（3）居住区绿地规划方案的表达与深化。

（4）居住区绿地规划方案 PPT 的制作与汇报。具体实训流程见表 6-1。

表 6-1　实训流程

序号	任务安排
一	寻找优秀的居住区规划案例（上传平台）
二	现状调研与场地分析（调查报告上传平台）
三	居住区的构思与立意（改造思路图上传平台）
四	居住区绿地规划方案深化（PS 总平面图上传平台）
五	居住区绿地规划方案 PPT 的制作与汇报（PPT 上传平台）

5. 实训底图

可选取自己身边的居住区景观进行提质改造，通过调查或相关部门获取地形底图进行居住区景观规划实训，也可选取本书提供的真实住区地形底图进行模拟实训。

实训底图：住区绿地实训底图

6. 实训要求

（1）设计构思与草图：设计说明（包括构思定位、功能分区、景点介绍、道路交通、植物设计）、方案草图、设计构思图。

（2）CAD 部分（上交）：CAD 平面方案图、CAD 植物配置图。方案设计要根据场地需求合理考虑周边环境，必须包含园林四大要素：山（微地形或假山）、水景、小品（形式多样）、植物。园林植物配置必须考虑空间层次和季相变化等四时景观。

（3）PS 部分（上交）：PS 总彩平图（包含比例尺、指北针、图名、图例）、景点说明图、功能分区图、交通分析图、意向图片（包括植物群落、植物单体、铺装、园林小品）。

7. 考核方式

“住区绿地规划”评价模型如图 6-1 所示。

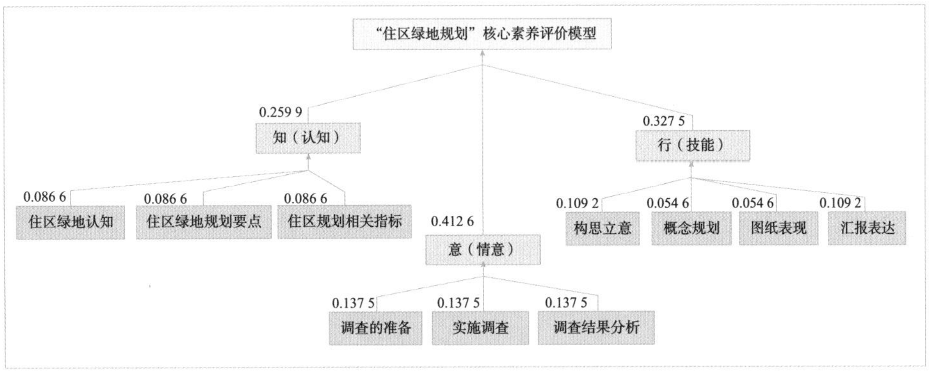

图 6-1　住区绿地规划评价模型由 AHP 评价模型导出

任务 6.2 案例精讲

6.2.1 湖畔花园景观项目

湖畔花园居住区全区占地面积大约 80 000 m^2，包含一个约 16 000 m^2 的景观轴线展示区，开发商将此楼盘定位为一个高端生态的居住府邸。设计通过五重体验，打造五重际遇，完成我们的湖畔之旅。

案例精讲：解析湖畔花园景观项目

6.2.2 军区社区景观项目

湖南宾馆始建于 1959 年，1962 年正式营业，是湖南省历史最早、知名度和美誉度很高的宾馆。建馆至今，一直是湖南省委、湖南省人民政府接待客人的主要单位，曾接待过党和国家三代领导人和多位外国元首及政要。此次改造区域为湖南宾馆东北角 3 号楼南侧景观。

案例精讲：解析军区社区景观项目

6.2.3 星城印象景观项目

“星城印象”住宅小区位于长沙市雨花区，所处区域处于快速发展之中，周边也正逐步建成一批居住环境较好的居住小区。规划总用地面积 70 213.33 m^2，其中小区内住宅为高层建筑，采用围合式总体布局。

设计以自然为源，将养生与小区环境结合起来，采用森林浴、生态温汤浴、生态阳光浴等园林设计手法达到养生的目的。小区的景观设计将棋、茶等人文活动引入景观设计中，为居民提供一个促进邻里交往的文化活动空间。

案例精讲：解析星城印象景观项目

6.2.4 中华仁家景观项目

“中华仁家”小区位于株洲市芦淞区 331 厂生活区内，用地西侧紧邻南方大道，东、南、北侧均为厂生活区道路，总用地面积 8 311.12 m^2，周边道路系统完善，市政配套齐全。本次设计运用了中国古典园林中的以小见大、移步换景、曲水流觞等设计手法，并结合现代设计元素，在有限的用地中叠山理水，旨在为业主营造出“小桥流水，庭院深深”的优雅、静谧的生活空间。

案例精讲：解析中华仁家景观项目

任务 6.3 理论探究

6.3.1 住区绿地规划概述

1. 住区的定义与分级

根据《城市绿地分类标准》（CJJ/T 85—2017），居住绿地属于附属绿地中的居住用地。居住用地是城市居住区的住宅用地、配套设施用地、公共绿地及城市道路用地的总称。

微课：住区绿地概述

《城市居住区规划设计标准》（GB 50180—2018）中指出，城市中住宅建筑相对集中布局的地区，简称居住区。依据居住人口规模，将居住区分为十五分钟生活圈居住区、十分钟生活圈居住区、五分钟生活圈居住区和居住街坊四级。

（1）十五分钟生活圈居住区。以居民步行十五分钟可满足其物质与生活文化需求为原则划分的居住区范围；一般由城市干路或用地边界线所围合、居住人口规模为 50 000 ～ 100 000 人（17 000 ～ 32 000 套住宅），配套设施完善的地区。

（2）十分钟生活圈居住区。以居民步行十分钟可满足其基本物质与生活文化需求为原则划分的居住区范围；一般由城市干路、支路或用地边界线所围合、居住人口规模为 15 000 ～ 25 000 人（5 000 ～ 8 000 套住宅），配套设施齐全的地区。

（3）五分钟生活圈居住区。以居民步行五分钟可满足其基本生活需求为原则划分的居住区范围；一般由支路及支路以上级城市道路或用地边界线所围合，居住人口规模为 5 000 ～ 12 000 人（1 500 ～ 4 000 套住宅），配建社区服务设施的地区。

（4）居住街坊。由支路等城市道路或用地边界线围合的住宅用地，是住宅建筑组合形成的居住基本单元；居住人口规模在 1 000 ～ 3 000 人（300 ～ 1 000 套住宅，用地面积为 2 ～ 4 hm^2），并配建有便民服务设施。

2. 住区绿地的作用

住区绿地作为分布最广、最为贴近居民的日常使用的绿地，有着重要的作用，主要体现在以下五个方面。

（1）净化空气、阻隔噪声、防风降尘、改善居住环境的小气候。

（2）分隔空间，组织庭院；增加景观层次，美化居住环境。

（3）良好的绿化环境和户外活动设施促进社会交往，有利于人们的身心健康。

（4）具有防灾避难、隐蔽建筑的作用，在地震或战时能够疏散人群。

（5）住区绿地中的绿色植物还能过滤、吸收放射性物质。

3. 住区绿地的分类

住区绿地主要分为居住区公共绿地、宅旁绿地、公共服务设施所属绿地和道路绿地等。

（1）居住区公共绿地。居住区公共绿地是居住区配套建设、可供居民游憩或开展体育活动的公园绿地，应包括小区游园和组团绿地及其他块状带状绿地等（图 6-2）。

（2）宅旁绿地。宅旁绿地也称宅间绿地，是居住区中最基本的绿地类型，多指在行列式建筑前后、两排住宅之间的绿地，其大小和宽度决定于楼间距（图 6-3）。

图 6-2　公共绿地

图 6-3　宅旁绿地

（3）公共服务设施所属绿地。公共服务设施所属绿地是居住区内各类公共建筑和公用设施周围环境的绿地，如俱乐部、影剧院、少年宫、医院、中小学、幼儿园等用地的绿化用地（图 6-4）。

（4）道路绿地。道路绿地是居住区内道路红线以内的绿地，具有遮阴、防护、丰富道路景观等功能。根据道路的分级、地形、交通情况等的不同进行布置，相应地分为居住区道路绿地、小区路绿地、组团路绿地和宅间小路绿地四类（图 6-5）。

图 6-4　公共服务设施所属绿地

图 6-5　道路绿地

4. 住区绿地规划指标

（1）计算指标。居住区的绿地指标由人均公共绿地面积和绿地率组成，其计算公式如下：

人均公共绿地面积 = 居住区公共绿地面积 / 居住区居民人数 ×100%

绿地率 = 居住街坊内绿地面积 / 居住街坊用地面积 ×100%

居住街坊内绿地面积的计算方法应符合下列规定：

①满足当地植树绿化覆土要求的屋顶绿地可计入绿地。绿地面积计算方法应符合所在城市绿地管理的有关规定。

②当绿地边界与城市道路临接时，应算至道路红线；当与居住街坊附属道路临接时，应算至路面边缘；当与建筑物临接时，应算至距房屋墙脚 1.0 m 处；当与围墙、院墙临接时，应算至墙脚。

③当集中绿地与城市道路临接时，应算至道路红线；当与居住街坊附属道路临接时，应算至距路面边缘 1.0 m 处；当与建筑物临接时，应算至距房屋墙脚 1.5 m 处。

（2）定额指标。居住区配建绿地包括公共绿地和附属绿地，并要求几种设置相应的中心绿地。公共绿地的控制指标应符合表 6-2 的规定，其中，居住区公园应设置 10% ～ 15% 的体育活动场地。当旧区改建确实无法满足表 6-2 的规定时，可采取多点分布以及立体绿化等方式改善居住环境，但人均公共绿地面积不应低于相应控制指标的 70%。居住街坊内集中绿地的规划建设，则应符合下列规定：新区建设不应低于 0.5 m^2/ 人，旧区改建不应低于 0.35 m^2/ 人；宽度不应小于 8 m；在标准的建筑日照阴影线范围之外的绿地面积不应少于 1/3，其中应设置老年人、儿童活动场地。

表 6-2　公共绿地控制指标

类别	人均公共绿地面积 /（m^2·人$^{-1}$）	居住区公园		备注
		最小规模 /hm^2	最小宽度 /m	
十五分钟生活圈居住区	2.0	5.0	80	不含十分钟生活圈及以下级居住区的公共绿地指标
十分钟生活圈居住区	1.0	1.0	50	不含五分钟生活圈及以下级居住区的公共绿地指标
五分钟生活圈居住区	1.0	0.4	30	不含居住街坊的公共绿地指标

居住街坊是实际住宅建设开发项目中最常见的开发规模，而容积率、人均住宅用地、建筑密度、绿地率及住宅建筑高度控制指标是密切关联的。表 6-3 针对不同建筑气候区划、不同的土地开发强度，即居住街坊住宅用地容积率所对应的绿地率进行了规定。居住街坊用地与绿地率指标应符合表 6-3 的规定，当住宅建筑采用低层或多层高密度布局形式时，居住街坊用地与绿地率指标应符合

表 6-4 的规定。

表 6-3　居住街坊的用地与绿地率指标

建筑气候区划	住宅建筑平均层数类别	住宅用地容积率	绿地率最小值 /%
Ⅰ、Ⅶ	低层（1～3 层）	1.0	30
	多层Ⅰ类（4～6 层）	1.1～1.4	
	多层Ⅱ类（7～9 层）	1.5～1.7	
	高层Ⅰ类（10～18 层）	1.8～2.4	35
	高层Ⅱ类（19～26 层）	2.5～2.8	
Ⅱ、Ⅵ	低层（1～3 层）	1.0～1.1	28
	多层Ⅰ类（4～6 层）	1.2～1.5	30
	多层Ⅱ类（7～9 层）	1.6～1.9	
	高层Ⅰ类（10～18 层）	2.0～2.6	35
	高层Ⅱ类（19～26 层）	2.7～2.9	
Ⅲ、Ⅳ、Ⅴ	低层（1～3 层）	1.0～1.2	25
	多层Ⅰ类（4～6 层）	1.3～1.6	30
	多层Ⅱ类（7～9 层）	1.7～2.1	
	高层Ⅰ类（10～18 层）	2.2～2.8	35
	高层Ⅱ类（19～26 层）	2.9～3.1	

表 6-4　低层或多层高密度居住街坊用地与绿地率指标

建筑气候区划	住宅建筑平均层数类别	住宅用地容积率	绿地率最小值 /%
Ⅰ、Ⅶ	低层（1～3 层）	1.0、1.1	25
	多层Ⅰ类（4～6 层）	1.4、1.5	28
Ⅱ、Ⅵ	低层（1～3 层）	1.1、1.2	23
	多层Ⅰ类（4～6 层）	1.5～1.7	28
Ⅲ、Ⅳ、Ⅴ	低层（1～3 层）	1.2、1.3	20
	多层Ⅰ类（4～6 层）	1.6～1.8	25

5. 住区绿地植物配置

（1）植物种类的选择。坚持“适地适树”原则，以乡土植物为主，适当选用驯化的外来及野生植物。近年来，从国外引种的金叶女贞、红王子锦带、西洋接骨木、金山绣线菊等一批观叶、观花、观果的种类在住区绿地中表现出优良的品质（图 6-6）。

在夏热冬冷地区，注意选择树形优美、冠大荫浓的落叶阔叶乔木，以利于夏季遮阴、冬季晒太阳。以乔灌木为主，草本花卉点缀，重视草坪地被、攀缘植物的应用。比如，在房前屋后光照不足地段，选择耐阴植物；在院落围墙和建筑墙面，选择攀缘植物，实行立体绿化。充分考虑园林植物的保健作用，选择松柏类、香料和香花植物等。

（2）植物配置方式的确定。植物种类的搭配要在统一中求变化，变化中求统一。 植物配置要讲究时间和空间景观的有序变化，植物配置方式要多种多样。

微课：住区绿地规划内容

6.3.2　住区绿地规划内容

1. 住区绿地规划原则

（1）整体性原则。从整体上确立居住景观的特色是设计的基础。这种特色是指住宅区总体景观的内在和外在特征。它来自对当地的气候、环境等自然条件及历史、文化、艺术等人文条件的尊重与发掘。居住区建筑的肌理、界面、高度、体量、风格、材质、色彩应与城市整体风貌、居住区周边环境及住宅建筑的使用功能相协调，并应体现地域特征、民族特色和时代风貌。

图 6-6　驯化的外来植物

（2）功能性原则。在居住环境中发生的城市活动大致为上下班及外出休闲活动、取车、停车、上下学、日常购物、户外休息与娱乐、邻里交往和社区公共活动等。在设计过程中，要照顾到各类居民的基本要求和特殊要求。这体现在活动场地的分布、交往空间的设置、户外设施及景观小品的尺度、色调等方面，使人们在交往、娱乐、活动、休闲、赏景时更加舒适、便捷，创造一个生态和谐的居住区环境。

（3）艺术性原则。随着物质条件的不断改善，人们的精神需求越来越强烈，对居住区环境景观的艺术性要求也越来越高。艺术性原则强调统一性和唯一性的特质，体现出不同的景观风格，能够为人们带来景观的艺术之美。同时，还要赋予环境景观亲切宜人的艺术感召力，通过美化生活环境，为居民提供亲近大自然的机会。

（4）可持续性原则。在居住区绿地规划设计中，要深刻挖掘生态、环保、节能等可持续发展的设计理念，在尊重现有自然生态的基础上，通过合理有效地使用原材料、循环使用废弃材料、使用新型建材、减少废弃物排放及运用最新的技术手段等方式，创造出既接近自然又符合健康要求的、具有可持续性的居住区绿地。

2. 公共绿地规划设计

（1）位置选择。根据公共绿地在住宅组团的相对位置，可归纳为以下几种类型：周边式住宅中间开辟绿地（图 6-7）、行列式住宅山墙间开辟绿地（图 6-8）、扩大住宅的间距开辟绿地（图 6-9）、居住组团的一角开辟绿地（图 6-10）、两组团之间开辟绿地（图 6-11）、一面或两面临街开辟绿地（图 6-12）及自由式绿地（图 6-13）。

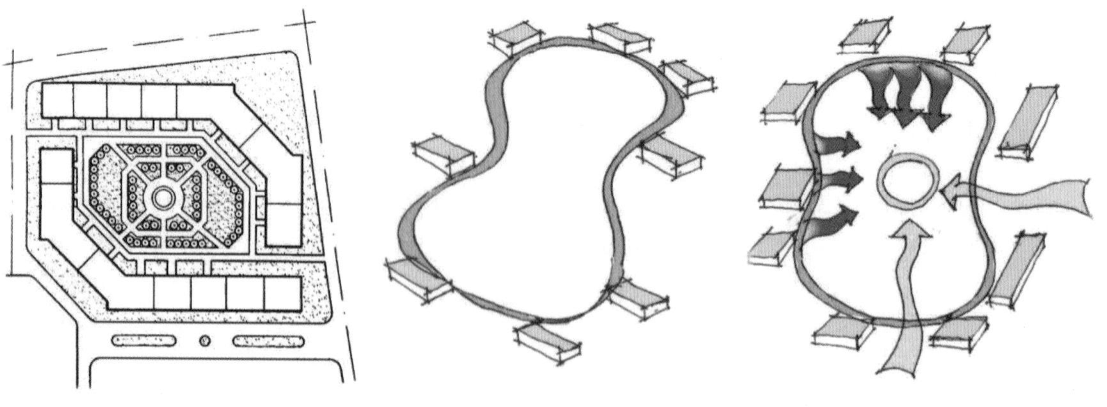

图 6-7　周边式住宅中间开辟绿地

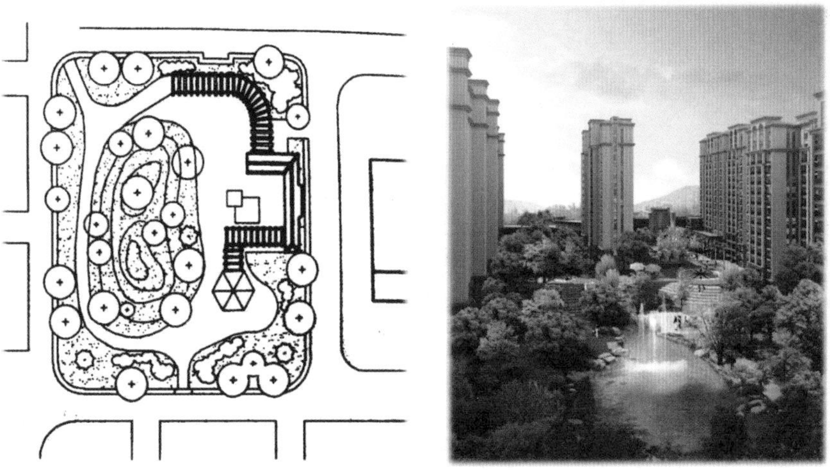

图 6-8　行列式住宅山墙间开辟绿地

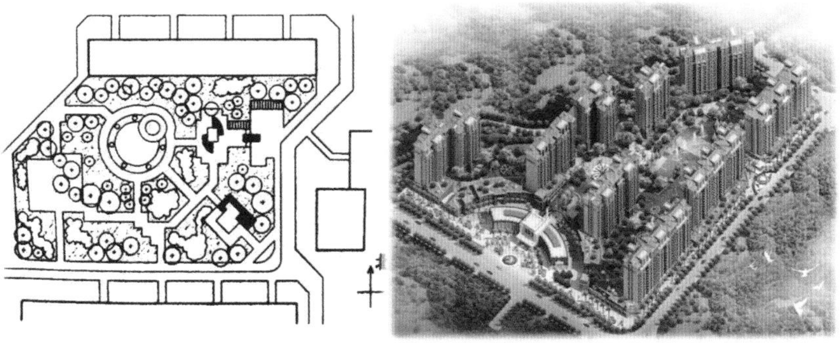

图 6-9　扩大住宅的间距开辟绿地

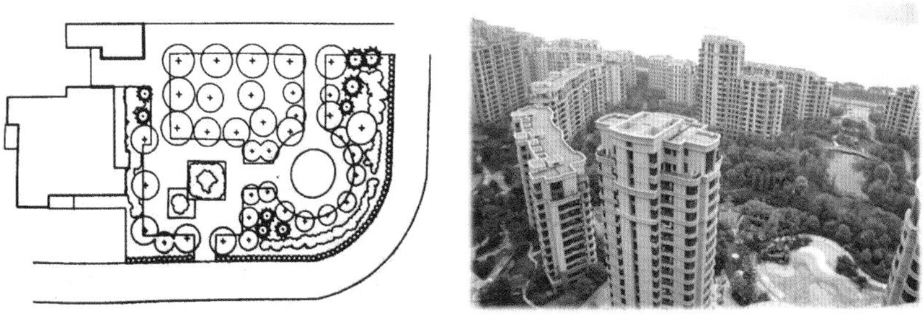

图 6-10　居住组团的一角开辟绿地

图 6-11　两组团之间开辟绿地

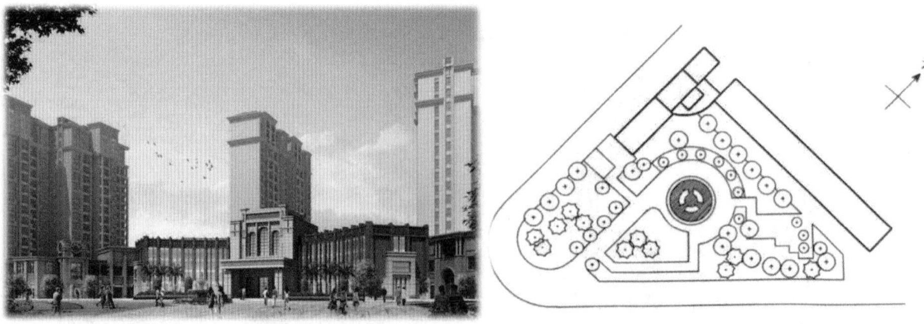

图 6-12　一面或两面临街开辟绿地

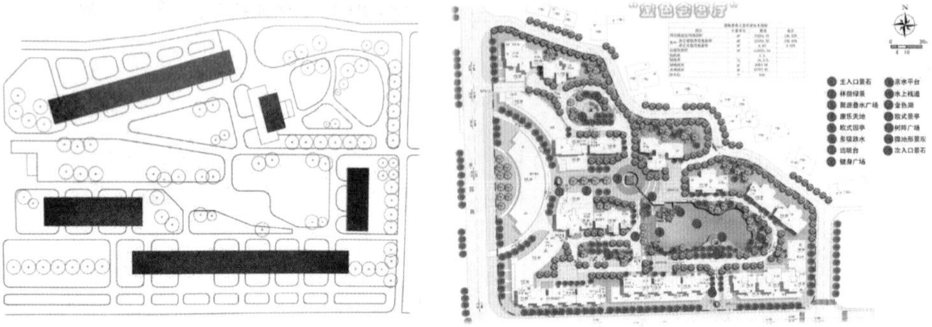

图 6-13　自由式绿地

（2）规划设计内容。组团绿地的布设内容主要包括绿化种植、安静休息和游戏活动三个部分。以中航城国际社区绿地为例，如图 6-14 所示。

3. 宅旁绿地规划设计

宅旁绿地是位于住宅四周或两栋住宅之间的绿地，是居住区绿地中最基本的单元（图 6-15）。宅旁绿地布置主要有树林型、植篱型、庭院型、花园型和草坪型五种类型。

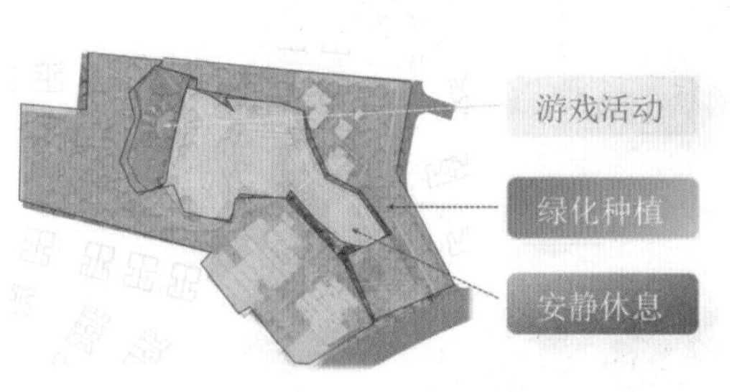

图 6-14　中航城国际社区绿地

图 6-15　宅旁绿地

在植物配置上，宅旁绿地树木、花草的选择需要考虑居民的喜好、禁忌和风俗习惯。通常在住宅南侧配置落叶乔木，北侧选择耐阴花灌木和草坪，东、西两侧可栽植落叶大乔木或利用攀缘植物进行垂直绿化。窗前绿化要综合考虑室内采光、通风等因素，一般在离住宅窗前 5 ～ 8 m 才能分布高大乔木。在高层住宅的迎风面及风口宜选择深根性树种。

4. 道路绿地规划设计

根据居住区规模的大小和功能要求，道路可分为居住区级道路、居住小区级道路、居住组团级道路及宅间小路。

（1）居住区级道路。居住区级道路是联系居住区内外的通道，为居住区的主要道路，车行道宽度一般为 9 m。在交叉口及转弯处要留有安全视距（图 6-16）；视距三角区只能用高度不超过 0.7 m 的灌木、花卉与草坪灯。

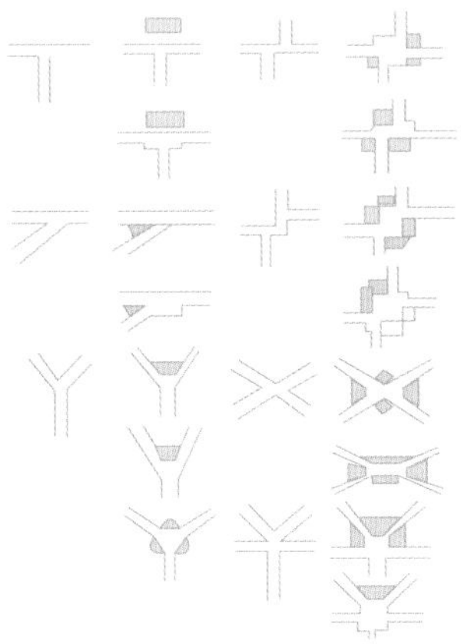

图 6-16 道路安全视距区

（2）居住小区级道路。居住小区级道路是联系居住区各组成部分的道路。车行宽度一般不小于 7 m，红线宽度不小于 16 m。树种宜选观花、观叶的乔木或灌木，如合欢、樱花、红叶李、红枫、乌桕等。

（3）居住组团级道路。居住组团级道路上接小区路、下连宅间小路。一般以自行车和人行为主，需满足救护、消防、清运垃圾、搬运等要求，路面宽度一般为 4 ～ 6 m。

（4）宅间小路。宅间小路是联系各住户或单元入口的道路，以行人为主，一般宽为 2.5 ～ 3 m。通常在小路一边种植乔木，另一边则种植花灌、草坪。

5. 公共服务设施所属绿地规划设计

居住区公共服务设施是指居住区内为居民生活配套的服务性建筑，包括教育、医疗卫生、文化体育、商业服务、金融电信、社区服务、市政公用和行政管理及其他八类设施。根据《城市居住区规划设计标准》(GB 50180—2018）规定，居住街坊配套设施应符合表 6-5 的设置规定。

表 6-5 居住街坊配套设施设置规定

类别	序号	项目	居住街坊	备注
便民服务设施	1	物业管理与服务	▲	可联合建设
	2	儿童、老年人活动场地	▲	宜独立占地
	3	室外健身器械	▲	可联合设置
	4	便利店（菜店、日杂等）	▲	可联合建设
	5	邮件和快递送达设施	▲	可联合设置
	6	生活垃圾收集点	▲	宜独立设置
	7	居民非机动车停车场（库）	▲	可联合建设
	8	居民机动车停车场（库）	▲	可联合建设
	9	其他	△	可联合建设

注：1. ▲为应配建的项目；△为根据实际情况按需配建的项目。

2. 在国家确定的一、二类人防重点城市，应按人防有关规定配建防空地下室

任务 6.4 现状调研

6.4.1 调查前准备工作

调查前需准备调查工具设备（如无人机、相机、皮尺等）、问卷调查表、访谈记录表，并准备好植被调查工具及记录本，确定好调查方案。

6.4.2 分组实施调查

（1）**无人机倾斜摄影组**：获取居住区绿地全景资源及相关构园要素的数据。
（2）**问卷调查组**：获取不同年龄人群对于居住区使用后的感受，作为景观提质改造的依据。
（3）**访谈记录组**：收集管理方、使用者的关于景观提质改造的意见，实现大众参与设计。
（4）**资源调查组**：包括植物资源与风景资源调查（附件 6-1、附件 6-2）。

6.4.3 调查后资料整理

调查小组进行相关数据与资料的整理，形成相关调查结果报告。

附件 6-1：

调查报告：威尼斯住区调查报告

调查报告：五矿万境蓝山调查报告

居住小区规划景观设计调查问卷

本次调研主要是为了了解人们对于居住小区规划景观的一些看法和需求，感谢您在百忙之中能够抽出时间做这份问卷，您的每一个选择都将对我们的设计成果有所帮助，感谢！

1. 您的年龄是（　　）。
A.18 岁以下　　B.18 ～ 30 岁　　C.31 ～ 45 岁　　D.45 岁以上
2. 您的性别是（　　）。
A. 男　　B. 女
3. 您居住的小区类型为（　　）。
A. 商业居住区　　B. 家属楼　　C. 其他
4. 您在小区里活动的时间段是（　　）。
A. 早上　　B. 中午　　C. 下午　　D. 晚上
5. 当您购买住房时，是否注重居住区的景观环境？（　　）
A. 无所谓，并不在意
B. 一般，会稍微在意
C. 重视居住区的景观设计
6. 您对所居住的居住区景观总体评价是（　　）。
A. 满意　　B. 一般　　C. 不满意
7. 您居住在小区里，感觉植物维护得（　　）。
A. 不错　　B. 一般　　C. 很差
8. 建筑周边的植物对您的日常生活有影响吗？（　　）
A. 有　　B. 没有

9. 小区的活动场地您觉得大小合适吗？（　　）
A. 合适　　B. 不合适
10. 您觉得小区里需要有广场舞的场地设置吗？（　　）
A. 需要　　B. 不需要
11. 您觉得小区里的景观布置需不需要一些文化类的元素，延续历史？（　　）
A. 需要　　B. 不需要
12. 您认为居住区内部的道路（　　）。
A. 道路通达，设计合理
B. 人行道设计不合理
C. 车行道设计不合理
D. 消防车道设计不合理
E. 林荫步道设计不合理
13. 您认为居住区内部的交通组织应该是（　　）。
A. 人车分流　　B. 人车混行　　C. 居住区内车辆不通行
14. 您认为居住区内的座椅设置（　　）。
A. 满意　　B. 数量不足　　C. 位置不合适　　D. 舒适度较低
E. 缺少遮阴　　F. 缺少设计感
15. 您认为居住区内的停车位（　　）。
A. 设计合理
B. 数量较少
C. 位置不合理
16. 您的居住区信息标志（名称标志、环境标志、指示标志、警示标志等）（　　）。
A. 设计优美指向明确　　B. 数量缺少
C. 信息不明确　　D. 位置不合适
E. 设计不佳
17. 您认为居住区水景（　　）。
A. 满意　　B. 形式单一　　C. 造型不够美观　　D. 数量少
E. 位置不合适
18. 您居住区路灯（　　）。
A. 合适　　B. 过少　　C. 过多　　D. 过暗
E. 过亮　　F. 其他
19. 您认为住宅周围的绿色环境应该有（　　）。
A. 大树　　B. 湖面　　C. 坡地　　D. 绿地
E. 其他
20. 您认为住宅的最佳景观环境是（　　）。
A. 栋间绿化带　　B. 大面积草坪　　C. 原生态树木
D. 大型中心广场　　E. 环绕社区的水系
21. 您希望小区增添什么样的场地？（　　）
A. 活动场地　　B. 休息场地　　C. 树木草地　　D. 其他
22. 您对小区景观最满意的地方是什么？________
我们衷心感谢您的配合，谢谢！

附件 6-2：

居住区绿地使用后评价访谈记录表

访谈时间		地点		记录人	
访谈对象及背景					
访谈人					
访谈内容					

任务 6.5 规划表达

6.5.1 构思立意

1. 主题确定

2023 年 4 月 15 日上午，第十三届中国风景园林学会年会在长沙北辰国际会议中心开幕（图 6-17）。本届年会以“美美与共的风景园林”为主题，就是要完整、准确、全面贯彻新发展理念，围绕碳达峰碳中和、生态环境治理、绿色转型发展、城市更新、乡村振兴等目标任务，交流研讨风景园林最新理论成果、科技创新与实践经验，探索人与自然和谐共生的现代化城乡建设方法和路径，发挥风景园林在推动国家高质量发展中的重要作用。

图 6-17　第十三届中国风景园林学会年会

2. 深化主题

“美美与共”这一概念最初由中国著名社会学家和人类学家费孝通先生提出，其含义是人们不仅要欣赏自己创造的美，还要包容地欣赏别人创造的美，将各自之美和别人之美拼合在一起，实现理想中的大同美。这一理念强调文化的多样性和包容性，鼓励不同国家、民族和文化在相互尊重和理解的基础上，分享和欣赏各自独特的文化之美，从而推动全球的文化交流和相互理解。

3. 概念生成

概念生成过程是设计的初步构思，并建立逻辑思维，可通过线性、环形、放射形、层级形、网络形等逻辑思维生成概念，完成构思与立意。

居住区规划设计应尊重气候及地形地貌等自然条件，并应塑造舒适宜人的居住环境。还应统筹庭院、街道、公园及小广场等公共空间形成连续、完整的公共空间系统，构建动静分区合理、边界清晰连续的小游园、小广场。

6.5.2　方案深化

总体设计方案图根据总体设计原则、目标，完善相关内容。第一，与周围环境的关系：主要、次要、专用出入口与市政关系。第二，主要、次要出入口的位置、面积，规划形式，主要出入口的内、外广场，停车场，大门等布局。第三，地形总体规划，道路系统规划。第四，全园建筑物、构筑物等布局情况，建筑平面要能反映总体设计意图。第五，全园植物设计图，图上反映密林、疏林、树丛、草坪、花坛等植物景观。此外，总体设计方案图应准确标明指北针、比例尺、图例等内容。面积在 100 hm^2 以上，比例尺多采用 1 ∶ 2 000 ～ 1 ∶ 5 000；面积为 10 ～ 50 hm^2，比例尺用 1 ∶ 1 000；面积在 8 hm^2 以下，比例尺可用 1 ∶ 500。

6.5.3　方案成果

1. 逸翠花园住区景观设计

以翠绿色为基础色描绘出来的安逸生活当然需要有一个后花园。这一想法使“逸翠花园”成为本次设计的主题，也凸显了“人与自然要和谐相处”这一理念，从而使人与自然相结合。

方案成果：逸翠花园住区景观设计作品

在景观布局上，东部主要由清逸广场、涟漪广场、越流喷泉等景点组成。南部主要由翠风景墙、趣味沙坑和奇形怪状叠等景观组成。西部主要景点为逸流景墙，由于居民楼的存在而设有消防通道。北部主要由逸云亭、紫藤花架和群蝶花田等景观组成。中部景观较多，主要由翠莲亭、荷风亭、翠屏桥、休闲亲水平台和运动健身区组成。

2. 一壁山水住区景观设计

（1）“山”的构想：“山”在景观设计中代表着地势的变化和丰富的层次感。设计中将巧妙运用地形，创造出有山丘、小径、观景台的多样化空间，让居民在行走中感受地势的起伏。

（2）“壁”的构想：“壁”在这里不仅代表着物理的界限，更寓意着一种保护与围合。在景观设计中，将通过绿植、水景和地形等自然元素，打造出一面“生态之壁”，既分隔了居住区与外界，又提供了私密而安宁的居住环境。

方案成果：一壁山水住区景观设计作品

（3）“水”的构想：“水”是景观中的灵动元素，代表着生命与活力。设计中将引入水景，如溪流、小池塘、跌水等，与山景相呼应，形成山水相依的美景。

任务 6.6　评价总结

运用 AHP 模糊综合评价法，根据住区绿地规划要点，构建了“知－意－行”3 个目标因子及相应的 10 个准则层因子，精准项目评价，构建了“住区绿地规划”评价模型见表 6-6。

评价模型：“住区绿地规划”评价模型

表 6-6 “住区绿地规划”评价模型

评测人姓名、单位和评测对象为必填项！		制表日期	
评测人姓名		单位	
评测对象			
序号	评测指标	评测指标说明	评价
1	绿地知识	优 >8 分；中 6 ～ 8 分；差 <6 分	
2	规划要点	优 >8 分；中 6 ～ 8 分；差 <6 分	
3	规划指标	优 >8 分；中 6 ～ 8 分；差 <6 分	
4	调查准备	优 >8 分；中 6 ～ 8 分；差 <6 分	
5	实施调查	优 >8 分；中 6 ～ 8 分；差 <6 分	
6	调查分析	优 >8 分；中 6 ～ 8 分；差 <6 分	
7	构思立意	优 >8 分；中 6 ～ 8 分；差 <6 分	
8	概念规划	优 >8 分；中 6 ～ 8 分；差 <6 分	
9	图纸表现	优 >8 分；中 6 ～ 8 分；差 <6 分	
10	汇报表达	优 >8 分；中 6 ～ 8 分；差 <6 分	

项目7 城市广场规划

教学单元设计			
课程名称	园林绿地规划	**授课对象**	
授课单元	城市广场规划	**单元课时**	12 课时
授课地点	理实一体化教室	**讲授形式**	混合式教学方法
任务驱动	**以“乐活新生－广场更新”为任务驱动，进行理论探究、实景调研、项目实操。** 理论探究模块：包含城市广场规划的方法与内容，包括城市广场的定义、设计原则、规划设计、植物规划等内容。 实景调研模块：包含实地访谈、问卷调查、实地测绘等现状调查工作任务。 项目实操模块：由改造思路、方案的深化、汇报与点评三个环节组成		
文化元素	以**“乐活新生”**为设计主题，进行广场更新和修复，保留城市的历史文化特征，打造**生活中的“口袋公园”**，激发社区活力，拓展城市生态空间，为市民创造良好的环境		
知识点	1. 城市广场的定义及作用。 2. 城市广场的分类。 3. 城市广场的规划原则。 4. 城市广场的空间处理。 5. 城市广场的元素设计		
技能点	1. 资料收集与整理能力。 2. 方案赏析能力。 3. 现状调查与场地分析能力。 4. 设计构思图的表达。 5. 方案草图的手绘表达。 6. 方案深化表达能力。 7. 方案汇报能力		
学情分析	1. 通过前续课程“园林制图”“园林设计初步”“效果手绘表达”的学习，学生已经积累了一定的专业理论知识基底，也掌握了专业制图与规划设计表达的基本制图与手绘功底。 2. 通过本课程总论部分的学习，学生已经基本具有宏观上的理论和系统思维和规划思维能力，但善于模仿，创新意识薄弱，并且缺乏实际项目的操练，动手能力差		
教学目标	1. 知识目标：掌握城市广场规划的方法与内容，包括城市广场的定义、设计原则、规划设计、植物规划等内容。 2. 能力目标：具备城市广场规划思维能力及相关详细设计表达能力。 3. 素质目标：引导学生关注民生、为民生福祉贡献专业的能力		
重点难点	教学重点：城市广场规划设计内容。 教学难点：城市广场的空间处理；城市广场内各元素的设计		

续表

教学策略	创新“知－意－行”五感体验教学模式；全方位调动“眼、脑、耳、手、口”人体五感，结合教学模块，完成能力递进 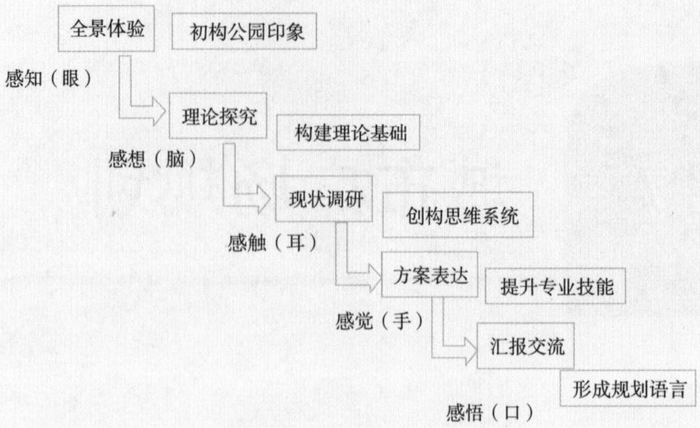
考核评价	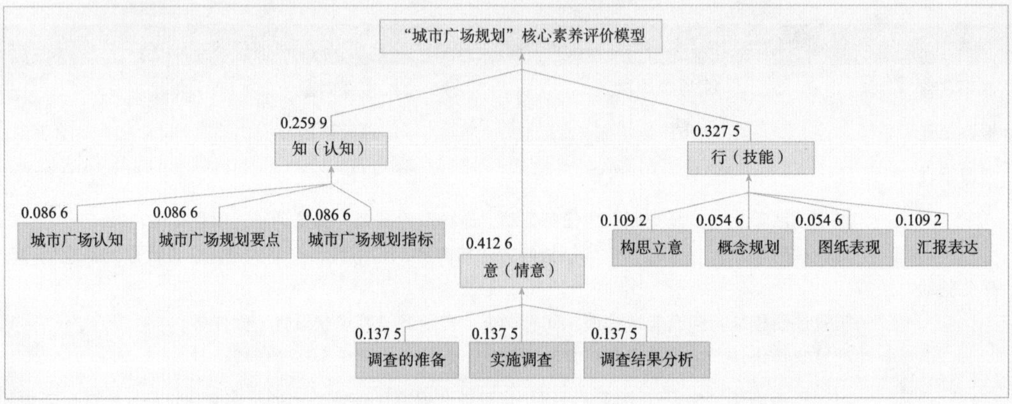

任务 7.1 任务导入

7.1.1 “乐活新生”城市广场主题的起源

全国住房城乡建设工作会议提出，要常态化推进公园绿地开放共享工作，推动“公园＋健身”“公园＋文化”等创新实践，不断完善公园的服务功能。

近年来，多地在公园建设中融入历史文化元素、打造文化主题公园、举办文化体验活动，将“学”与“游”巧妙融合。这些公园不仅提供了风景优美的自然环境、丰富多样的娱乐设施，还具有区域特色，彰显了文化内涵。

7.1.2 城市广场绿地概念设计任务书

1. 实训目的

实操模块是全面、系统地掌握所学专业知识的重要组成部分。它具有综合性强、涉及面广和实践性强等显著特点。通过这一重要环节，学生能够综合运用所学的有关理论知识独立分析、解决实际问题，为其接下来走上工作岗位从事有关工作打下一个良好的基础。

2. 实训分组

根据学生的学习情况，采用分层教学法，参照真实岗位分工进行项目分组，成立 3 个项目组，每

组 6 人（组长 1 人、功能区责任人 4 人、资料员 1 人），分别进行相关角色扮演，共同完成总任务。课程团队配有 3 位指导教师，一对一全过程跟踪指导 3 个项目组。

3. 实训时间

具体时间根据教学进度调整。

4. 实训流程

根据总任务目标，发布 4 个子任务：

（1）寻找优秀的城市广场绿地规划案例。

（2）城市广场绿地实地调研与方案草图的绘制。

（3）城市广场绿地规划方案的表达与深化。

（4）城市广场绿地规划方案 PPT 的制作与汇报。具体实训流程见表 7-1。

表 7-1　实训流程

序号	作业
一	寻找优秀的城市广场绿地规划案例（上传平台）
二	现状调研与场地分析（调查报告上传平台）
三	城市广场绿地的构思与立意（改造思路图上传平台）
四	城市广场绿地规划方案深化（PS 总平面图上传平台）
五	城市广场绿地规划方案 PPT 的制作与汇报（PPT 上传平台）

5. 实训底图

可选取自己身边的城市广场进行提质改造，通过调查或相关部门获取地形底图进行城市广场规划实训，也可选取本书提供的真实广场用地地形底图进行模拟实训。

实训底图：城市广场实训底图

6. 实训要求

（1）设计构思与草图：设计说明（包括构思定位、功能分区、景点介绍、道路交通、植物设计）、方案草图、设计构思图。

（2）CAD 部分（上交）：CAD 平面方案图、CAD 植物配置图。方案设计要根据场地需求合理考虑周边环境，必须包含园林四大要素：山（微地形或假山）、水景、小品（形式多样）、植物。园林植物配置必须考虑空间层次和季相变化等四时景观。

（3）PS 部分（上交）：PS 总彩平图（包含比例尺、指北针、图名、图例）、景点说明图、功能分区图、交通分析图、意向图片（包括植物群落、植物单体、铺装、园林小品）。

7. 考核方式

城市广场规划评价模型如图 7-1 所示。

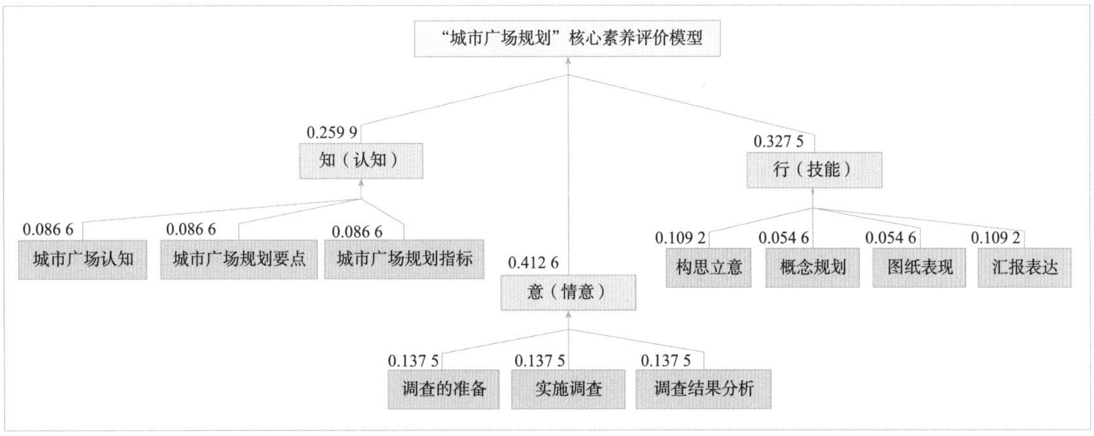

图 7-1　城市广场规划评价模型（由 AHP 模型导出）

任务 7.2 案例赏析

7.2.1 平江酱干博物馆广场项目

案例赏析：平江酱干博物馆广场项目

依据视线分析，博物馆广场西南角及建筑的南立面需要作为重点景观面进行打造。广场西南角需打开视线，起到对游客的视线及心理的引导作用。

平江酱干博物馆绿地不仅是博物馆入口与引导空间，还是集休憩、集散、展示于一体的舞台，更是连接城市与建筑、生活与文化的多功能纽带。

7.2.2 华伟时代广场项目

案例赏析：华伟时代广场项目

项目西侧为国际顶尖建筑设计大师扎哈·哈迪德设计的长沙梅溪湖文化艺术中心，河岸对面为科研设计单位，地块背面为住宅社区，地块周边要素为项目带来了良好的景观资源和人群流量基础，是科研办公、文化艺术、生活休闲三大能量汇聚之地。本项目地面集中空间有限，屋顶空间集中且独立，示意打造一个屋顶儿童乐园。本项目地面空间过于开放，增加对儿童看护的难度，而屋顶区域集中，且方便管理，功能性更明确，适合独立打造主题性儿童空间。

设计主题：灵龙相伴，腾飞的华伟时代。岳麓山上的涔涔渗水向着山涧蠕动，聚成条条溪水向下奔腾，终于在山脚汇成一条朝东蜿蜒的龙王港。它经梅溪湖进入岳麓区后在梅溪滩迂回曲折，过望麓桥绕望月湖，北至溁湾港渡（溁银桥）注入湘江。

任务 7.3 理论探究

7.3.1 城市广场概述

1. 城市广场的定义

城市广场一般是指由建筑物、街道和绿地等围合或限定形成的，以游憩、纪念、集会和避险等功能为主的城市公共活动场地，是城市空间环境中最具公共性、最富艺术魅力、最能反映城市文化特征的开放空间，有着城市“起居室”和“客厅”的美誉。城市广场的绿地率宜大于或等于35%，广场用地内不得布置与其管理、游憩和服务功能无关的建筑，建筑占地比例不应大于2%。

城市广场对于现代城市的作用，简单地概括至少有以下三个方面。

（1）满足城市居民日益增长的对社会交往和户外休闲场所的需求。

（2）增加城市绿地空间，改善和重塑城市景观形象和空间品质，提高城市环境的可识别性。

（3）带动城市土地开发，提高商业零售机会。

2. 城市广场的分类

根据性质特点，城市广场大体可分为集会广场、纪念广场、交通广场、商业广场、文化娱乐休闲广场和附属广场等。

（1）集会广场。集会广场是指用于政治、文化集会、庆典、游行、检阅、礼仪、传统民间节日活动的广场，包括市政广场和宗教广场等类型。市政广场多修建在市政厅和城市政治中心所在地，是市民参与市政和管理城市的一种象征（图7-2）。宗教广场多修建在教堂、寺庙前面，主要为举行宗教庆典仪式服务。

集会广场一般位于城市中心地区，最能反映城市面貌，是城市的主广场。因而在广场设计时，要充分考虑与周围建筑布局协调，无论平面、立面、透视感、空间组织、色彩和形体对比等，都应起到相互烘托、相互辉映的作用，反映出中心广场开阔壮丽的景观形象。

（2）纪念广场。纪念广场是为了缅怀历史事件和历史人物，在城市中修建的一种主要用于纪念性活动的广场。纪念广场应突出某一主题，创造与主题相一致的环境氛围。一般在广场中心或侧面设置突出的纪念雕塑、纪念碑、纪念塔、纪念物和纪念性建筑等作为广场标志物。主体标志物应位于构图中心，其布局及形式应满足纪念性气氛和象征性要求。纪念广场有时也与集会广场集合在一起（图 7-3）。

图 7-2　济南市泉城广场

图 7-3　九八抗洪纪念广场

（3）交通广场。交通广场包括站前广场和道路交通广场。它是城市交通系统的有机组成部分，起到交通、集散、联系、过渡和停车等作用，为了解决复杂的交通问题，交通广场可以从竖向空间布局上进行规划设计，分隔车流、人流，保证安全畅通（图 7-4）。

（4）商业广场。商业广场包括集市广场和购物广场。现代商业广场往往集购物、休息、娱乐、观赏、饮食、社会交往为一体，成为社会文化生活的重要组成部分。商业广场多采用步行街的布置方式，强调建筑内外空间的渗透，把室内商场与露天、半露天市场结合在一起，既方便购物，又避免人流与车流的交叉（图 7-5）。

图 7-4　长沙火车站广场

图 7-5　长沙黄兴广场

（5）文化娱乐休闲广场。文化娱乐休闲广场是城市居民日常生活中重要的行为场所，也是城市中分布最广泛、形式最多样的广场，包括花园广场、文化广场、水边广场、运动广场、雕塑广场等类型。广场中应具有轻松欢快的气氛，布局自由，形式多样，并围绕一定的主题进行构思（图 7-6）。

（6）附属广场。附属广场是依托一些城市大型建筑的前广场，属于半公共性的活动空间，功能具有综合性。如果能有效地对附属广场进行规划设计，则可以产生许多有特色的小广场，对于改善城市空间品质和环境质量有着积极的意义（图 7-7）。

图 7-6　上海人民广场

图 7-7　长沙梅溪湖文化艺术中心

3. 城市广场的设计原则

（1）以人为本原则。分析研究人的行为心理和活动规律，创造出不同性质、不同功能、不同规模、各具特色的城市广场空间，以适应不同年龄、不同阶层、不同职业市民的多样化需要，是现代城市广场规划设计中贯彻以人为本原则的基础。只有处处体现对人的关怀和尊重，才能使城市广场真正成为人人向往的公共活动空间。

（2）系统性原则。城市广场是城市开放空间体系中的重要节点，在城市公共空间体系中占有重要地位。对它的建设，应该纳入城市公共空间体系中统一规划布局。由于城市广场在城市中的区位及其功能、性质、规模、类型等都有所区别，因此每个广场都应根据周围环境特征、城市现状和城市总体规划的要求，确定其主要性质、规模等，只有这样才能使多个城市广场相互配合，共同形成城市开放空间体系中的有机组成部分。城市广场必须在城市空间环境体系中进行系统分布的整体把握，做到统一规划、合理布局。

（3）文脉导向原则。城市的人工景观包括城市的空间形态、建筑实体、公共空间、历史古迹、环艺和工程构筑物等。在历史原因下，城市空间形态的演变过程、地域性建筑材料的运用、结构和立面细部的处理、公共空间的私密和开敞性、历史建筑的保护，以及新旧建筑的协调、构筑物的运用等都是人工景观中城市文脉的外在体现。文脉本身就是一个发展的概念，并不是简单的复古与怀旧，是旧文化、旧元素在新时代、新背景中的体现。

（4）空间多样性原则。由于城市广场功能上的综合性，必然要求其内部空间场所具有多样性特点，现代城市广场虽应有一定的主导功能，但却可以具有多样化的空间表现形式和特点。城市广场不仅要反映群体的需要，还要综合兼顾社会各阶层人群的使用要求。同时，服务于广场的设施和建筑功能也应多样化，将纪念性、艺术性、娱乐性和休闲性兼容并蓄。

7.3.2　城市广场规划的主要内容

1. 城市广场的空间处理

（1）广场的规模与尺度。广场尺度处理适当与否，是广场设计成败的关键之一。许多城市广场之所以失败，就是由于地面太大，以致建筑物看上去像站在空间的边缘，空间的墙面和地面分开，不能形成有形的空间体。绿地广场与一般绿地的一个重要的不同点就在于广场需要有一定的空间围合，因为它是城市的“起居室”。广场尺度处理的关键是尺度的相对性问题。广场的大小是由广场类型、广场建筑物性质、活动内容、分区布局、视觉特征、建筑边界条件、光照条件、交通流量等诸多因素共同决定的。

（2）利用地形组织广场空间。广场场地在空间上宜采用多种手法，以满足不同功能及环境美学的要求。其主要有平面型（如北京天安门广场）和空间型［上升式（图 7-8）、下沉式（图 7-9）及坡地式的处理方法］。上升式广场一般将车停放在较低的层面上，而把人行道和非机动车道放在地上，实现人车分流。下沉式广场相比上升式广场不仅能够解决不同交通的分流问题，而且在现代城市喧嚣嘈杂的外部环境中，更容易取得一个安静、安全、围合有致且具有较强归属感的广场空间。

图 7-8 上升式广场

图 7-9 下沉式广场

（3）广场的限定与围合。如果说建筑空间是由地板、墙壁、天花板三要素限定的，那么广场作为"没有屋顶的建筑"，则一般由基面、家具、边围三大要素限定。基面即广场基底，主要由大面积铺装和原有的地基构成；家具主要是指广场中的构筑物、植物、水景等元素；而一般情况下，广场都因其与周边环境的景观风貌、铺装形式、植物意向等方面有较大区别，基底与外部存在明显边界，这就是所说的边围。

广场空间限定方式的主要手段是设置，它包括点、线、面的设置。在广场中间设置标志物是典型的中心限定，围绕着这个标志物，形成一个无形的空间。从广场使用中可以看到人们总爱围绕着一些竖向的标志物活动。

2. 城市广场的要素设计

（1）城市广场的铺装设计。广场地面最基本的功能是为市民的户外活动提供场所，铺装以其简单而具有较大的宽容性，可以适应市民多种多样的活动需要；并且地面不仅为人们提供活动的场所，而且是空间构成的底界面，它具有限定空间、标志空间、增强识别性、给人以尺度感的作用，通过铺地图案将地面上的人、树、设施与建筑联系起来，以构成整体的美感；也可以通过地面的处理来使室内外空间与实体相互渗透。设计中主要通过不同的铺装尺寸、形态、肌理、地形及铺装方式形成基面的肌理。在工程和选材上，铺装应当防滑、耐磨、防水排水性能良好。

（2）城市广场的水景设计。在水景的形态设计上尽量采用有较强视觉效果又对水量要求不大的形式；有隐喻意义的水景一般都能以少量的水体现丰富的内容；充分挖掘水的各种特性，如水的表情、肌理、三态、声音、触觉等特性；循环用水与雨水利用。

在广场的水景类型中，喷泉最为常见，因此要注意喷泉的主题、形式和喷泉组合景观的协调，做到主题、形式和环境相统一，使喷泉起到良好的装饰和渲染环境的作用。有一定主题的喷泉要求环境能提供足够的喷水空间与联想空间；而纯装饰性喷泉要求适宜的背景环境，使之形成一个祥和悠闲的广场空间；与雕塑组合的喷泉，需要开阔的草坪与精巧简洁的铺装衬托。为了欣赏方便，喷泉周围一般应有足够的铺装空间。

（3）城市广场的构筑物设计。

①主要类型：主题雕塑、活动构架、休憩设施、体育设施等。

②设计原则：契合场所特征、尺度合理，在满足广场类型与功能要求的情况下可以进行思维的发散，多积累素材，学会融会贯通。

③城市雕塑发展的趋势：一种是远距离“瞭望型”的大型标志物，以其醒目的色彩、造型、质感、肌理等特征，屹立于城市背景之中；另一种是近距离“亲和型”，以与人体等大的尺度塑造极具亲和的形象，既没有雕塑基座，也没有周边的围护，以小巧的体量经常被裹入熙熙攘攘的人群中，但却给观赏者特殊的惊喜和趣味。

（4）城市广场的绿化设计。

①城市广场的绿化原则：城市广场应具有清晰的空间层次，独立形成或配合广场周边建筑、地形等形成良好、多元、优美的广场空间体系；应与该城市绿化总体风格协调一致，结合地理区位特征，物种选择应符合植物区系规律，突出地方特色；结合城市广场环境和广场的竖向特点，以提高环境质量和改善小气候为目的，协调好风向、交通、人流等诸多元素；城市广场场址上的原有大树应加强保护，保留原有大树有利于广场景观的形成，有利于体现对自然、历史的尊重，有利于对广场场所感的认同。

②城市广场植物配置需注意的问题：植物配置方式要符合广场空间的功能要求；植物配置讲求层次感，以乔木、灌木草本植物相结合形成丰富的景观轮廓线和立面上的连续感；注重季相搭配，常绿树应当占主要的比例；选用一定数量的观花植物有利于活跃气氛；要灵活运用设计手法和植物配置方式，提升景观品质；主次分明，疏朗有序，可通过植物配置调整空间形态和开合度；植物配置与其他园林构成要素之间有机联系在一起，合理搭配，共同构成优美的画面。

3. 城市广场的相关规范

一般情况下，广场设计中的绿地形态一般情况下可分为集中式和分散式两大类。

（1）集中式：对用地条件要求很高，一般规模较大，配有一定的活动设施，能组织广场活动。集中式能更好地发挥绿地的作用，能带给人强烈的视觉冲击力，内容丰富、多样化，绿化效果更为突出，对整个广场绿化景观设计具有决定性影响，它能使人工形式的景观设施与自然草坪完美的融合起来。

（2）分散式：小规模，点状形态，常见于建筑物入口前、基地入口附近等，适用广泛、用地少，布置较为灵活，能有效起到点缀、丰富城市广场景观的作用。

城市广场的规划设计需要注意以下要求：在广场通道与道路衔接的出入口处，应满足行车视距要求。广场竖向设计应根据平面布置、地形、土方工程、地下管线、广场上主要建筑物标高、周围道路标高与排水要求等进行，并考虑广场整体布置的美观。广场排水应考虑广场地形的坡向、面积大小、相连接道路的排水设施，采用单向或多向排水。广场设计坡度，平原地区应小于或等于 1%，最小为 0.3%；丘陵和山区应小于或等于 3%。地形困难时，可建成阶梯式广场。与广场相连接的道路纵坡度以 0.5% ～ 2% 为宜。困难时最大纵坡度不应大于 7%，积雪及寒冷地区不应大于 6%，但在出入口处应设置纵坡度小于或等于 2% 的缓坡段。

任务 7.4 现状调研

7.4.1 调查前准备工作

调查前需准备调查工具设备（如无人机、相机、皮尺等）、问卷调查表、访谈记录表，并准备好植被调查工具及记录本，确定好调查方案。

7.4.2　分组实施调查

（1）**无人机倾斜摄影组**：获取广场绿地全景资源及相关构园要素的数据。
（2）**问卷调查组**：获取不同年龄人群对于广场使用后的感受，作为景观提质改造的依据。
（3）**访谈记录组**：收集管理方、使用者的关于景观提质改造的意见，实现大众参与设计。
（4）**资源调查组**：包括植物资源与风景资源调查（附件 7-1、附件 7-2）。

7.4.3　调查后资料整理

调查小组进行相关数据与资料的整理，形成相关调查结果报告。

附件 7−1：

广场绿地规划景观设计调查问卷

本次调研主要是为了了解人们对于广场规划景观的一些看法和需求，感谢您在百忙之中能够抽出时间做这份问卷，您的每一个选择都将对我们的设计成果有所帮助，感谢！

1. 您的年龄是（　　）。
A. 18 岁以下　B. 18 ～ 30 岁　C. 31 ～ 45 岁　D. 45 岁以上
2. 您的性别是（　　）。
A. 男　B. 女
3. 您目前从事的职业是（　　）。
A. 教师　B. 企业管理者　C. 企事业单位员工
D. 公务员　E. 个体经营户　F. 打工者
G. 学生　H. 无业退休　I. 其他（请说明）
4. 您到达这里采用的主要交通方式是（　　）。
A. 步行　B. 骑车　C. 私家车　D. 公交车
E. 地铁　F. 打车
5. 您到达这里需要多长时间？（　　）
A.10 分钟以内　B.10 ～ 20 分钟
C.20 ～ 30 分钟　D.30 分钟以上
6. 您来这里的频率是（　　）
A. 每星期 1 ～ 3 次　B. 每月 1 ～ 3 次
C. 不常来
7. 您一般在这里活动的时间段是（　　）。
A. 早餐时间前　B. 早餐时间～午餐时间
C. 午餐时间～晚餐时间　D. 晚餐时间后
8. 您步行到这里，能接受的最长时间是（　　）。
A.10 分钟以内　B.10 ～ 20 分钟
C.20 ～ 30 分钟　D.30 分钟以上
9. 您到此地的主要活动是（　　）。
A. 散步　B. 慢跑　C. 骑行　D. 打拳

E. 跳舞　　F. 拉伸　　G. 使用健身设施
H. 唱歌　　I. 其他（请写明）
10. 这里的（　　）让您感兴趣（最多选 3 个）。
A. 草坪　　B. 树丛　　C. 小径　　D. 空地（有铺装）
E. 水体　　F. 健身器材　　G. 建筑（亭子、廊道等）
H. 设施（座椅、垃圾桶、路灯等）　I. 其他（请写明）
11. 您觉得这里哪些设施最需要改善（　　）(最多选 3 个)。
A. 草坪　　B. 树丛　　C. 小径　　D. 空地（有铺装）
E. 水体　　F. 健身器材　　G. 建筑（亭子、廊道等）
H. 设施（座椅、垃圾桶、灯等）　I. 其他（请写明）
12. 您一般与几个人一起活动？（　　）
A. 自己一个人活动　　B. 有一两个伙伴一起
C. 小群体（10 人以内）　　D. 集体活动（10 人以上）

附件 7-2：

广场绿地使用后评价访谈记录表

访谈时间		地点		记录人	
访谈对象及背景					
访谈人					
访谈内容					

任务 7.5　规划表达

7.5.1　构思立意

1. 主题确定

“乐活”是一种环保理念、一种文化内涵、一种时代产物。它是一种贴近生活本源，自然、健康、精致的生活态度。城市广场是城市景观的重要组成部分，应充分体现尊重自然、尊重历史、保护生态的特点。城市广场绿地作为历史文化的载体，应该为市民提供一个感受历史、体验文化的场所，让市民在绿地中探寻历史的风情，使绿地的每一寸土地都充满故事。

城市广场的设计既要尊重传统、延续历史、继承文脉，又要站在“今天”的历史地位，反映历史长河中“今天”的特征，有所创新，有所发展，实现真正意义上的历史延续和文脉相传。文脉主义又称后现代都市主义，是一部分设计师在现代主义的国际风格的千篇一律的方盒子损坏了城市的原有的构造和传统文化之后，试图恢复原有的城市秩序。

2. 深化主题

乐活广场的设计理念主要围绕健康、可持续的生活方式展开，强调自然、健康和精致的生活态度。

（1）**空间最大化利用**：乐活广场的设计强调室内挑高式设计，追求空间的最大化利用。

（2）**生态与健康**：乐活广场的设计理念倡导健康的生活方式，通过使用大量绿地空间构建户外空间，整合社区，提供运动场所，持续生态更新。

（3）**社区融合**：乐活广场的设计注重社区的融合，通过共享的方式将公园绿地与社区生活有机结合，打造区域核心乐享公共空间。通过空间限定的要素设计、空间氛围的故事设计，以及与外围衔接的过渡设计，创造出有趣和差异化的空间体验，促进社区活动的参与度，不仅提升了周边社区的活力，还促进了社区的表里与公园的边界共融共生。

（4）**材料与细节**：乐活广场在材料选择上采用了大量的新型铺地材料，如人工绿茵草坪、改性塑胶（EPDM）、UHPC、硅 PU 等，确保场地施工质量。这些材料的使用不仅提升了公园的美观度，还增强了其功能性和耐用性。

3. 概念生成

概念生成过程是设计的初步构思，并建立逻辑思维，可通过线性、环形、放射形、层级形、网络形等逻辑思维生成概念，完成构思与立意（图 7-10）。

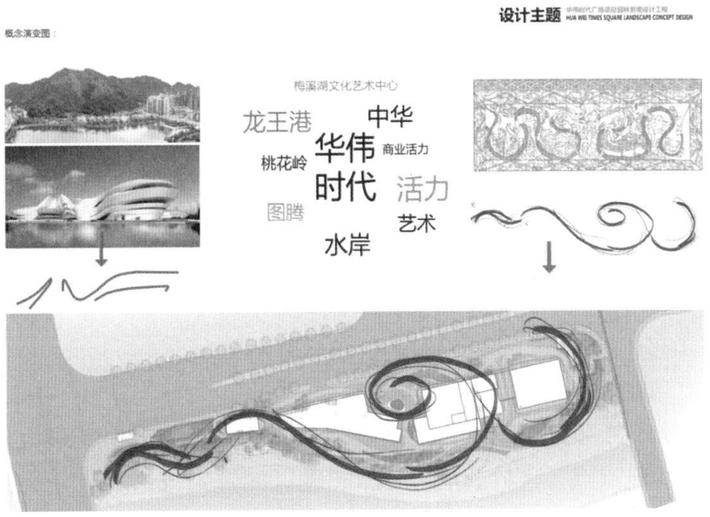

图 7-10　乐活广场概念演变

7.5.2　方案深化

总体设计方案图根据总体设计原则、目标，完善相关内容。第一，与周围环境的关系：主要、次要、专用出入口与市政关系。第二，主要、次要出入口的位置、面积，规划形式，主要出入口的内、外广场，停车场，大门等布局。第三，道路系统规划考虑人流动线、车辆进出、停车设施等，确保交通流畅。第四，确定广场的主要功能区域，如购物区、餐饮区、娱乐区、休闲区等。第五，全园建筑物、构筑物等布局情况，建筑平面要能反映总体设计意图，对建筑和景观设计进行细化，确保方案的实用性和美观性。第六，全园植物设计图，图上反映密林、疏林、树丛、草坪、花坛等植物景观。此外，总体设计方案图应准确标明指北针、比例尺、图例等内容。面积在 100 hm^2 以上，比例尺多采用 1 ∶ 2 000 ～ 1 ∶ 5 000；面积为 10 ～ 50 hm^2，比例尺用 1 ∶ 1 000；面积在 8 hm^2 以下，比例尺可用 1 ∶ 500（图 7-11）。

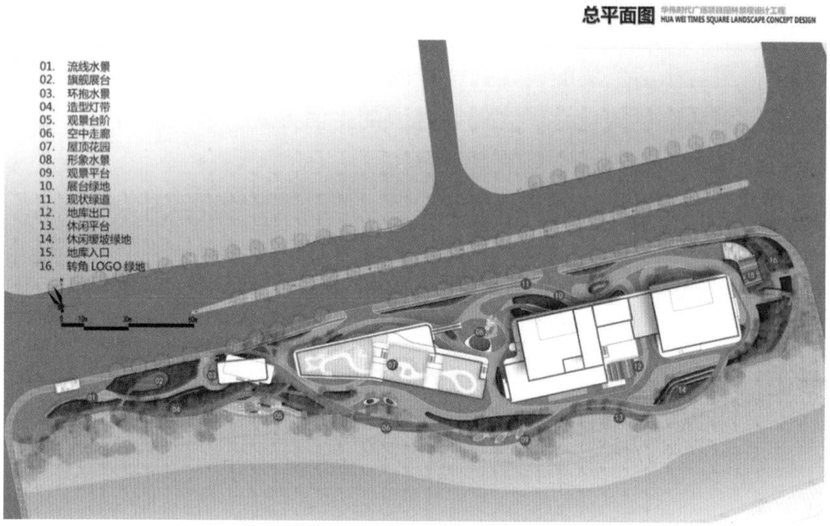

图 7-11　乐活广场方案深化

7.5.3　方案成果

1. “流憩”城市广场景观设计

本设计为城市广场绿地景观设计，主题是流憩，取自陶渊明的《归去来兮辞》，意为散步和休息，寓意在忙碌的生活中，人们能够停下稍作休息，给予心灵和身体的放松。

方案成果：“流憩”城市广场景观设计作品

清风—自由，比起其他因素的压迫，人们更需要一些能够轻松自由不被生活所影响的空间。**流云—漫步**，白云的流动速度人们用肉眼很难关注到，这与快节奏的当今社会形成剧烈反差，因此需要“慢”下来，漫步行驶，劳逸结合。

2. “梦泽”滨湖广场景观设计

洞庭湖，古称“云梦泽”，碧波万顷的洞庭湖浩瀚迂回，山峦突兀，其最大特点是湖外有湖，湖中有山；渔帆点点、芦叶青青，水天一色，鸥鹭翔飞；加上千年古楼岳阳楼相伴，使得湖水余韵绵长，历代文人墨客也多留有对洞庭湖和岳阳楼的吟咏“衔远山，吞长江，浩浩汤汤，横无际涯，朝晖夕阴，气象万千”。

方案成果：“梦泽”滨湖广场景观设计作品

“梦泽”广场绿地是市民休息、观光、娱乐的理想场所，设计的总体目标就是为市民提供一个舒适、安全、怡人的亲水、健身、观景游憩的场所。以水位线变化展开“弹性的景观设计”方案，依据不同的水位线创建“公共游乐区、生态护坡区、自然滩涂区”三层主题景观体验区。公园景象随着时间的变化、水环境的变化呈现出多样的效果。在设计高程较高的区域局部抬高现状地形，营造阳光草坪、儿童沙坑、草地台阶等供人们休闲体验的多功能复合型景观空间。在设计高程较矮的区域，打造湿地风貌景观，营造雨水花园，种植湿地植物，利用经过江水冲刷形成的自然滩涂，打造适合市民进行烧烤、露营的亲水空间，形成“水清、岸绿、景美、人水和谐”的广场绿地。

任务 7.6　评价总结

运用 AHP 模糊综合评价法，根据城市广场规划要点，构建了“知－意－行”3 个目标因子及相应的 10 个准则层因子，精准项目评价，构建了“城市广场规划”评价模型见表 7-2。

评价模型：“城市广场规划”评价模型

表 7-2　“城市广场规划”评价模型

评测人姓名、单位和评测对象为必填项！		制表日期	
评测人姓名		单位	
评测对象			
序号	评测指标	评测指标说明	评价
1	绿地知识	优 >8 分；中 6 ～ 8 分；差 <6 分	
2	规划要点	优 >8 分；中 6 ～ 8 分；差 <6 分	
3	规划指标	优 >8 分；中 6 ～ 8 分；差 <6 分	
4	调查准备	优 >8 分；中 6 ～ 8 分；差 <6 分	
5	实施调查	优 >8 分；中 6 ～ 8 分；差 <6 分	
6	调查分析	优 >8 分；中 6 ～ 8 分；差 <6 分	
7	构思立意	优 >8 分；中 6 ～ 8 分；差 <6 分	
8	概念规划	优 >8 分；中 6 ～ 8 分；差 <6 分	
9	图纸表现	优 >8 分；中 6 ～ 8 分；差 <6 分	
10	汇报表达	优 >8 分；中 6 ～ 8 分；差 <6 分	

项目8 道路绿地规划

教学单元设计			
课程名称	园林绿地规划	**授课对象**	
授课单元	道路绿地规划	**单元课时**	12课时
授课地点	理实一体化教室	**讲授形式**	混合式教学方法
任务驱动	**以“某真实道路绿地规划”为任务驱动，进行理论探究、实景调研、项目实操。** 理论探究模块：包含道路绿地规划的方法与内容，包括道路绿地的构思定位、主要出入口的选址、功能区的划分、项目的策划、植物规划等内容。 实景调研模块：包含实地访谈、问卷调查、实地测绘等现状调查工作任务。 项目实操模块：由改造思路与方案草图的绘制、方案的深化、汇报与点评三个环节组成		
文化元素	嫁接**“四季多彩”**主题，进行道路景观提质改造，打造城市精致街道		
知识点	1. 道路绿地的概念及类型。 2. 道路绿地规划设计的原则和方法。 3. 道路绿地的构思与立意。 4. 道路绿地的系统规划。 5. 道路绿地的植物规划		
技能点	1. 资料收集与整理能力。 2. 方案赏析能力。 3. 现状调查与场地分析能力。 4. 设计构思图的表达。 5. 方案草图的手绘表达。 6. 方案深化表达能力。 7. 方案汇报能力		
学情分析	1. 通过前续课程“园林制图”“园林设计初步”“效果手绘表达”的学习，学生已经积累了一定的专业理论知识基底，也掌握了专业制图与规划设计表达的基本制图与手绘功底。 2. 通过本课程总论部分的学习，学生已经基本具有宏观和理论上的系统思维和规划思维能力，但善于模仿，创新意识薄弱，并且缺乏实际项目的操练，动手能力差		
教学目标	1. 知识目标：掌握道路绿地规划的方法与内容，包括各类道路绿地的构思定位与规划设计、植物树种的选择与设计等内容。 2. 能力目标：具备道路绿地规划思维能力及相关详细设计表达能力。 3. 素质目标：培养学生发现、分析、解决问题的自主学习能力及团队协助能力		
重点难点	教学重点：道路绿地规划设计内容（程序）和设计要点。 教学难点：构思与立意；道路绿地的详细设计表达		

续表

创新“知－意－行”五感体验教学模式；全方位调动“眼、脑、耳、手、口”人体五感，结合教学模块，完成能力递进。

教学策略

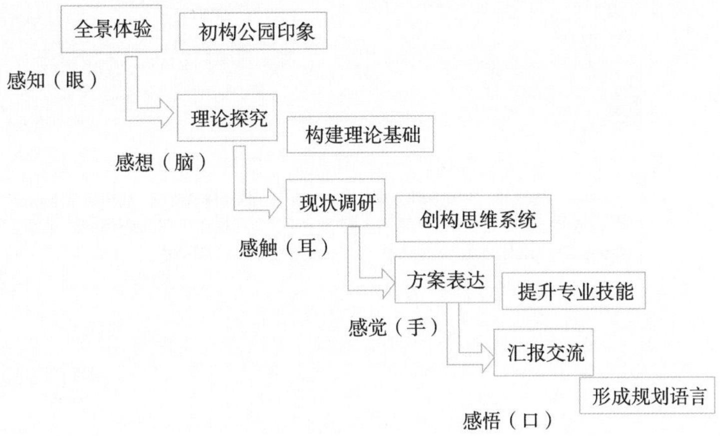

考核评价

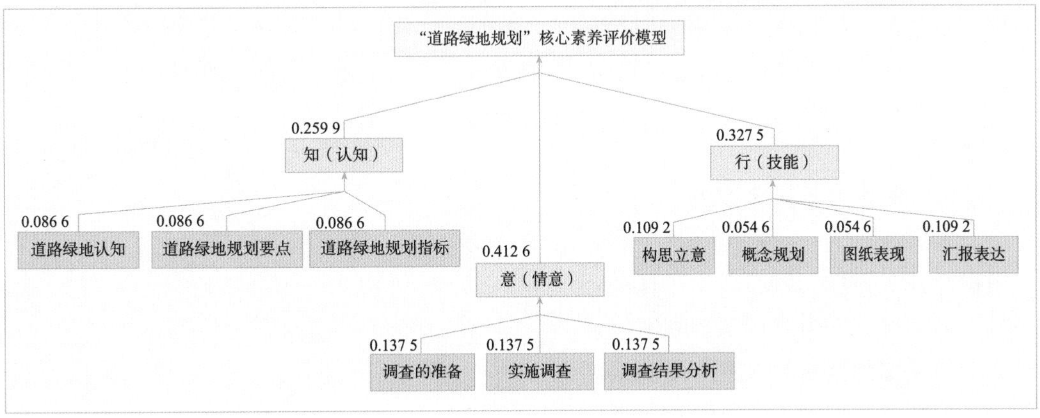

任务 8.1　任务导入

8.1.1　“四季多彩”道路绿地主题的起源

近年来，多个城市实施城区彩化美化提升工作，持续努力建设“三季有花、四季多彩”的美丽城市。经过深入调查、科学研判，以主城区主次干道、街角绿地为重点，在城区园林绿化现状基础上，遵循“乡土、节约、抗逆、彩化、美观”的原则，优先选用“低成本、多彩化、色彩化、艺术化、轻养护”的乡土适生植物，绘制城区彩化美化蓝图（图 8-1）。

8.1.2　道路绿地规划任务书

1. 实训目的

实操模块是全面、系统地掌握所学专业知识的重要组成部分。通过这一重要环节，学生能够综合运用所学的有关理论知识独立分析、解决实际问题，为其接下来走上工作岗位从事有关工作打下一个良好的基础。

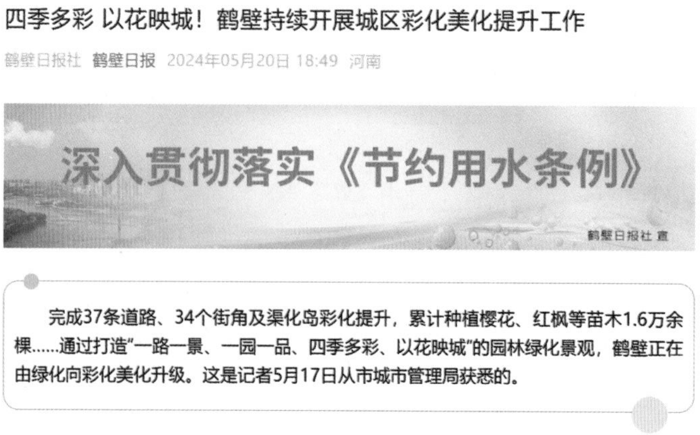

四季多彩 以花映城！鹤壁持续开展城区彩化美化提升工作

鹤壁日报社 鹤壁日报 2024年05月20日 18:49 河南

深入贯彻落实《节约用水条例》

鹤壁日报社 宣

完成37条道路、34个街角及渠化岛彩化提升，累计种植樱花、红枫等苗木1.6万余棵……通过打造"一路一景、一园一品、四季多彩、以花映城"的园林绿化景观，鹤壁正在由绿化向彩化美化升级。这是记者5月17日从市城市管理局获悉的。

图 8-1 "四季多彩"道路绿地主题起源

2. 实训分组

根据学生的学习情况，采用分层教学法，参照真实岗位分工进行项目分组，成立 3 个项目组，每组 6 人（组长 1 人、功能区责任人 4 人、资料员 1 人），分别进行相关角色扮演，共同完成总任务。课程团队配有 3 位指导教师，一对一全过程跟踪指导 3 个项目组。

3. 实训时间

具体时间根据教学进度调整。

4. 实训流程

根据总任务目标，发布 4 个子任务：

（1）寻找优秀的道路绿地规划案例。

（2）道路绿地调研与方案草图的绘制。

（3）道路绿地规划方案的表达与深化。

（4）道路绿地规划方案 PPT 的制作与汇报。具体实训流程见表 8-1。

表 8-1 实训流程

序号	任务安排
一	寻找优秀的道路绿地规划案例（上传平台）
二	现状调研与场地分析（调查报告上传平台）
三	道路绿地规划的构思与立意（改造思路图上传平台）
四	道路绿地规划方案草图（上传平台）
五	道路绿地规划方案深化（PS 总平面图上传平台）
六	道路绿地规划方案 PPT 的制作与汇报（PPT 上传平台）

5. 实训底图

可选取自己身边的道路绿地进行提质改造，通过调查或相关部门获取地形底图进行道路绿地规划实训，也可选取本书提供的真实道路绿地地形底图进行模拟实训。

实训底图：道路绿地实训底图

6. 实训内容

（1）设计构思与草图：设计说明（包括构思定位、功能分区、景点介绍、道路交通、植物设计）、方案草图、设计构思图。

（2）CAD 部分（上交）：CAD 平面方案图、CAD 植物配置图。方案设计要根据场地需求合理考虑周边环境，必须包含园林四大要素：山（微地形或假山）、水景、小品（形式多样）、植物。园林植物配置必须考虑空间层次和季相变化等四时景观。

（3）PS 部分（上交）：PS 总彩平图（包含比例尺、指北针、图名、图例）、景点说明图、功能分区图、交通分析图、意向图片（包括植物群落、植物单体、铺装、园林小品）。

7. 考核方式

道路绿地规划评价模型如图 8-2 所示。

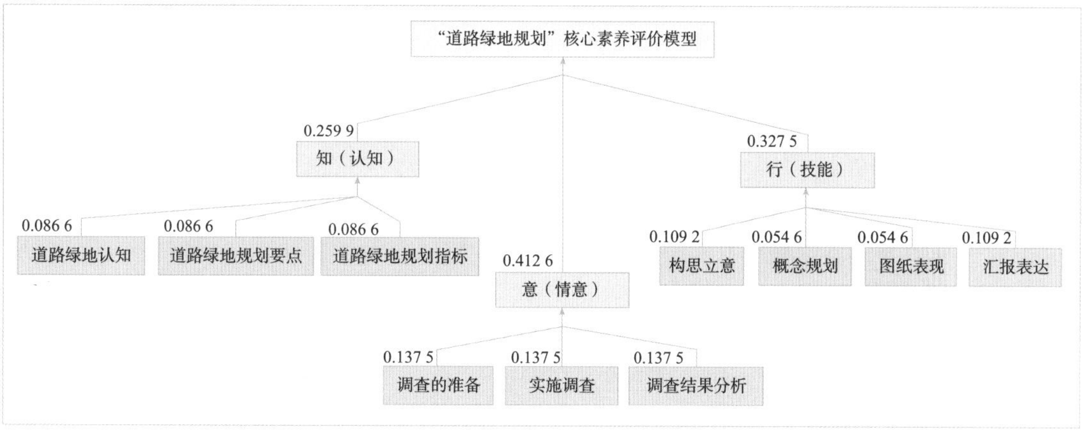

图 8-2　道路绿地规划评价模型（由 AHP 评价模型导出）

任务 8.2　案例赏析

8.2.1　长沙市劳动东路景观提质项目

实现“城市道路”向“精美街道”的转变：以简洁大气的设计手法作为劳动东路的整体风格，融合色彩、大块面折线造型、现代园艺小品造景、植物造景等多样化的国际景观设计手法，创造人与环境和谐共存的绿色长廊。

案例赏析：长沙市劳动东路景观提质设计

8.2.2　湘潭市韶山路景观改造项目

红色主题－城市文脉：湘潭是中国红色文化的发源地，韶山又是一代领袖毛主席的故乡，因此，韶山路的规划以体现红色文化为主题，使之成为城市文脉的窗口。设计通过采用统一的红色调及 10 个不同的节点来强调主题。在种植上，尽量保留现有植被，并对其进行一定程度的梳理，适当增加红叶或开红花的植被。在铺装上，选择红色调的透水铺装。在小品的设计上尽量吸收红星、红旗等红色文化元素。此外，对部分沿街建筑入口形式进行适当改造，并增加休憩设施和自行车停车场。

案例赏析：湘潭市韶山路景观改造设计

任务 8.3　理论探究

8.3.1　道路绿地规划概述

1. 道路绿地的定义

道路绿地是指在城市道路两侧、中央分隔带、交叉口、广场等处设置的绿化带、花坛、草坪、树木等绿色空间。它们不仅能美化城市环境，提升城市形象，还具有以下功能：

（1）生态功能：吸收空气中的有害气体，减少噪声污染，调节城市气候，保护生物多样性。

（2）交通功能：通过绿化带分隔车道，提高行车安全；设置绿化隔离带，减少交通事故。

（3）休闲功能：为市民提供休闲、运动、散步的场所，提高居民生活质量。

（4）文化功能：通过绿化设计体现城市文化特色，提升城市文化品位。

（5）经济功能：美化城市环境，提升城市形象，吸引投资和游客，促进经济发展。

（6）社会功能：绿化带可以作为社区活动的场所，增进邻里关系，促进社会和谐。

道路绿地的设计和建设需要综合考虑城市总体规划、交通规划、环境保护等多方面因素，以实现绿化的最大效益。同时，道路绿地的维护和管理也是非常重要的，需要定期修剪、施肥、病虫害防治等，以保持绿化的美观和生态功能。

2. 道路绿地的分类

在城市绿地分类中，道路绿地是一个特定的类别，它指的是城市道路系统中用于绿化的区域，包括但不限于以下几种类型：

（1）道路两侧绿地：道路两侧的绿化带，通常用于种植树木、灌木和草坪，为城市提供绿色屏障和美化效果。

（2）中央分隔带：位于道路中央，用于分隔对向行驶的车流，通常用于种植绿化植物。

（3）人行道绿化：人行道两侧或中间的绿化区域，为行人提供遮阴和美观的环境。

（4）交叉口绿化：在道路交叉处设置的绿化区域，可以是花坛、小广场或小公园等形式。

（5）广场绿地：位于城市中心或重要节点的大型开放空间，通常具有休闲、集会等功能。

（6）交通岛绿化：交通岛是道路中用于车辆转弯或行人过街的区域，绿化可以提升其景观效果。

（7）高架桥和立交桥绿化：在高架桥和立交桥的柱子、桥面等部位进行绿化，增加城市绿量。

（8）隧道口绿化：隧道出入口处的绿化，可以改善视觉感受，减少噪声和光污染。

（9）道路附属绿地：如公交车站、地铁站等交通设施周边的绿化区域。

道路绿地在城市绿地系统中扮演着重要角色，它们不仅提升了城市景观，还具有生态、社会和文化等多方面的功能。在城市规划和设计中，道路绿地的布局和设计需要综合考虑交通、环境、美学和功能需求，以实现最佳的综合效益。

8.3.2 道路绿地规划原则

只有协调好道路各个部分之间的关系，以及绿化与道路两边的建筑、交通设施、公共设施之间的关系，才能创造出优美的绿地景观，最大限度地保证城市道路环境的质量，满足城市居民工作和生活的需要。

1. 符合城市道路的性质、功能的原则

不同交通方式的道路对景观元素的要求不同，因此道路绿地景观设计必须符合道路的性质，与道路的环境相符。如交通干道的绿地景观构成，必须考虑机动车的行驶速度，植物的尺度、配置方式都要与观赏者的速度相符。商业街、步行街主要以步行为主，所以绿地景观设计时更多地从静态角度考虑，并且为了反映商业街的繁华，不遮挡人们的视线，行道树应该选择小乔木，株距要大一些，也可以与国外的许多购物街一样不作行道树种植，而是以盆栽绿化代替。

2. 合理分区的原则

在符合道路的性质和功能的基础上，应对道路进行合理分区。需要分区的道路应具备以下特征：

（1）路线长，具备分区的条件；

（2）有较大的道路交叉口，可作为分区的节点；

（3）道路两侧的景观有区段性，可作为分区的依据。

其中，（1）和（3）是道路分区必须具备的要求，另外，道路分区的多少还应视具体情况而定。

3. 符合用路者的行为规律和视觉特性

道路是供人使用的，因此道路绿地景观设计就要满足不同出行目的和交通方式的用路者的行为规律和视觉特性的要求，体现用路者的意愿。

（1）行为规律。步行者和骑车者是目前城市道路的主要用路者，应在城市道路绿地景观设计时优先考虑。出行方式和目的不同，人们的行为特点也不同（表 8-2）。

表 8-2　不同出行目的和方式人群的特征比较

方式	目的	特点	对道路景观的关注情况
步行	上下班、上学、办事	受时间限制、中间停留时间短、步速快	关注道路的拥挤情况、步道的平整、道路的整洁和安全等
	购物	目的性明确，有往返运动	关注商店橱窗陈列、店面布置等
	游览、观光	以游览观光为目的，中途停留时间长，步速缓慢	关注人们的衣着、橱窗、街头小品、道路两旁的建筑和绿化等
骑车者	上下班、购物或娱乐	有一定的目的性，一般目光注意道路前方 20 ～ 40 m 的地方	速度 10 km/h 时，较悠闲，关注道路两边景观 速度 19 km/h 时，行动注意力集中，很难注意到道路景观的细部
机动车	办公、上下班或其他目的	速度快，中途无停留或停留时间短	视线范围受到车窗和速度的影响，对道路景观的感知能力低

随着私人汽车数量的增加，处于快速运动中的人群规模在增大，而道路绿地景观的节奏感、序列感、整体感对于处在快速运动中的观察者是非常重要的。

（2）视觉特性。在道路上活动时，俯视要比仰视自然而容易，站立者的视线俯角约 10°，端坐者的视线俯角为 15°，如在高层上对道路眺望，8°～10°是最舒服的俯视角度。在速度较低的情况下，速度对视场角没有明显的影响，因此对路面上景物的下面部分，用路者印象较清晰，而对上面部分则印象较浅。在机动车上，人的视力集中在较小的范围内，注意点也逐渐被固定下来，这种现象被称为隧道视。驾驶员只有在行车不紧张的情况下，才能观察与道路交通无关的景物。因此在道路绿地设计时必须考虑速度对视觉的影响。

4. 整体性原则

整体性原则是指城市道路绿地要和城市道路其他景观元素协调，以及同一条道路的绿地景观应具有完整性，不同道路的绿地景观也应具有共性和区别。

要保证道路绿地能与道路景观其他元素如建筑、交通设施和公共设施等协调，就必须将道路绿地的规划与设计介入城市总体规划阶段，在道路规划时就应确定好道路红线和建筑红线的范围，预留足够的绿化空间。

5. 个性化原则

城市道路绿地的个性化原则主要体现在绿地形式和树种上，目前许多城市都有自己的市树和市花，可以作为地方特色的基调树种，使绿地富于浓郁的地方特色。这种特色使本地人感到亲切，也使外地人能够了解这个城市的特色。一个城市的基调树种应以某几种树种为主，而且这些树种最好是该城市的乡土树种，区别于相邻城市的基调树种，同时还要有一些次要树种，次要树种可以是广泛应用于道路绿化的、观赏价值高的、环境效益好的树种。

8.3.3 道路绿地规划要求

1. 行道树种植设计

行道树是有规律地在道路两侧种植浓荫乔木而成的绿带，是街道绿化最基本的组成部分、最普遍的形式。

（1）行道树种植方式。行道树种植方式有多种，常用的有树带式和树池式两种。

树带式是在人行道和车行道之间留出一条不加铺装的种植带（图 8-3）。种植带宽度最低不小于 1.5 m，除种植一行乔木用来遮阴外，在行道树之间还可以种植花灌木和地被植物，以及在乔木与铺装带之间种植绿篱来增强防护效果。宽度为 2.5 m 的种植带可种植一行乔木，并在靠近车行道一侧种植一行绿篱；5 m 宽的种植带则可交错种植两行乔木，靠近车行道一侧以防护为主，靠近人行道一侧则以观赏为主。中间空地可栽植花灌木、花卉及其他地被植物。一般在交通、人流不大的情况下采用这种种植方式，有利于树木生长。在种植带树下铺设草皮，以免裸露的土地影响路面的清洁，同时在适当的距离要留出铺装过道，以便人流通行或汽车停站。这种形式整齐壮观，效果良好，与我国经济的发展和对城市道路绿化的重视相适应，种植带宽 5 m 左右在我国比较合适，可种植乔灌木与绿篱、草坪搭配。

树池式是在人行道狭窄或行人过多的街道上，采用树池的方式（图 8-4）。树池形状一般为方形，其边长或直径不应小于 1.5 m，长方形树池短边不应小于 1.2 m；方形和长方形树池因较易和道路及建筑物取得协调故应用较多，圆形树池则常用于道路圆弧转弯处。

道路、树池边缘与人行道的关系有三种常见的方式：一是树池的边缘高出人行道路面 8 ～ 10 cm；二是树池的边缘和人行道路面相平；三是树池的边缘低于人行道路面，上面加盖树池盖与人行道路面相平。这三种树池各有缺陷，需要通过改进措施，完善树池的功能。例如，可在第一种树池上附以河卵石，既利于排水，又方便清扫；第二种和第三种树池可用植草砖代替，既保证树池的基本功能，又保证了人行道的完整性。一般为保证行道树的正常生长，树池的土面应低于人行道高度，以容纳雨水，最好上盖池盖以减少行人对池土的踩踏。树池的营养面积有限，影响树木生长，而且要经常翻松土壤，增加了管理费用，故在可能的条件下应尽量采取树带式种植方式。

图 8-3 树带式种植

图 8-4 常用树池形式

（2）行道树的株距与定干高度。行道树的定植株距应根据行道树树种壮年期冠幅确定，以成年树冠郁闭效果好为准（表 8-3）。棕榈树通常为 2 ～ 3 m，阔叶树最小为 3 ～ 4 m，一般为 5 ～ 6 m，在南方一些乔木树种可达 6 ～ 8 m。我国各城市行道树株距规格略有不同，逐渐趋向于大规格苗木，应适当加大株距。

表 8-3　行道树的株距　m

树种类型	通常采用的株距			
	准备间移		不准备间移	
	市区	郊区	市区	郊区
快长树（冠幅 15 m 以下）	3 ～ 4	2 ～ 3	4 ～ 6	4 ～ 8
中慢长树（冠幅 15 ～ 20 m）	3 ～ 5	3 ～ 5	5 ～ 10	4 ～ 10
慢长树	2.5 ～ 3.5	2 ～ 3	5 ～ 7	3 ～ 7
窄冠树	—	—	3 ～ 5	3 ～ 4

行道树的定干高度应根据其功能要求、交通状况、道路的性质、宽度，以及行道树与车行道的距离、树木的分枝角度而定。在交通干道上栽植的行道树要考虑到车辆通行时的净空高度要求，为公共交通创造靠边停驶接送乘客的方便，在路面较窄或有大型车辆通过的地段，以 3 ～ 3.5 m 为宜，通行双层大巴的交通街道的行道树定干高度还应相应提高，否则就会影响车辆通行、降低道路有效宽度的使用。在较宽的路面或步行商业街上，可降至 2.5 ～ 3.0 m，分枝角度小的树种可适当低一些，但也不能低于 2.5 m。非机动车和人行道之间的行道树考虑到行人来往通行的需要，定干高度不宜低于 2.5 m。在同一条干道上应相对保持一致，树体大小尽可能整齐、划一，避免因高低错落不等、大小粗细各异而影响审美效果和带来管理上的不便。

（3）行道树与工程管线之间的关系。随着城市化进程的加快，各种管线不断增多，包括架空线和地下管网等。一般多沿道路走向布设各种管道，因而易与城市街道绿化产生许多矛盾。一方面要在城市总体规划中考虑；另一方面又要在详细规划中合理安排，为树木生长创造有利条件（表 8-4 ～表 8-7）。

表 8-4　树木与建筑、构筑物水平间距

名称	最小间距 /m	
	至乔木中心	至灌木中心
有窗建筑物外墙	3.0	1.5
无窗建筑物外墙	2.0	1.5
道路侧面外缘、挡土墙脚、陡坡	1.0	0.5
人行道	0.75	0.5
高 2 m 以下围墙	1.0	0.75
高 2 m 以上围墙	2.0	1.0
天桥、栈桥的柱及架线塔电线杆中心	2.0	不限
冷却池外缘	40.0	不限
冷却塔	高 1.5 倍	不限
体育用场地	3.0	3.0
排水明沟外缘	1.0	0.5
邮筒、路牌、车站标志	1.2	1.2
警亭	3.0	2.0
测量水准点	2.0	1.0

续表

名称	最小间距 /m	
	至乔木中心	至灌木中心
人防地下室入口	2.0	2.0
架空管道	1.0	
一般铁路中心线	3.0	4.0

表 8-5　树木与架空线路的间距　m

架空线名称	树木枝条与架空线的水平距离	树木枝条与架空线的垂直距离
1 kV 以下电力线	1	1
1 ～ 20 kV 电力线	3	3
35 ～ 140 kV 电力线	4	4
150 ～ 220 kV 电力线	5	5
电线明线	2	2
电信架空线	0.5	0.5

表 8-6　一般较大型的各类车辆高度　m

车类度量	无轨电车	公共汽车	载重汽车
高度	3.15	2.94	2.56
宽度	2.15	2.50	2.65
离地高度	0.36	0.20	0.30

表 8-7　植物与地下管线及地下构筑物的距离

名称	至中心最小间距 /m	
	乔木	灌木
给水管、闸井	1.5	不限
污水管、雨水管、探井	1.0	不限
电力电缆、探井	1.5	
热力管	2.0	1.0
弱电电缆沟、电力电线杆	2.0	
路灯电杆	2.0	
消防龙头	1.2	1.2
煤气管、探井	1.5	1.5
乙炔氧气管	2.0	2.0
压缩空气管	2.0	1.0
石油管	1.5	1.0
天然瓦斯管	1.2	1.2
排水盲管	1.0	0.5
人防地下室外缘	1.5	1.0

续表

名称	至中心最小间距 /m	
	乔木	灌木
地下公路外缘	1.5	1.0
地下铁路外缘	1.5	1.0

（4）街道宽度、走向与绿化的关系。

①街道宽度与绿化的关系：人行道的宽度一般不得小于 1.5 m，而人行道在 2.5 m 以下时很难种植乔灌木，只能考虑进行垂直绿化。随着街道、人行道的加宽，绿化的宽度也逐渐增加，种植方式也随之丰富，并有多种形式出现。为了发挥绿化对改善城市小气候的影响，一般条件下绿带以占道路总宽度的 20% 为宜。

②街道走向与绿化的关系：行道树的种植不仅要求对人和车辆起到遮阳的效果，而且对临街建筑防止强烈的西晒也很重要。全年内要求遮阳时期的长短与城市所在地区的纬度和气候条件有关。我国一般自 4、5 月—8、9 月，约半年时间内都要求有良好的遮阳效果，低纬度的城市则更长些。一天内自上午 8：00—10：00，下午 1：30—4：30 是防止东晒、西晒的主要时间。因此，我国中部、北部地区东西向的街道，在人行道的南侧种树，遮阳效果好，而南北向的街道两侧均应种树。在南方地区，无论是东西、南北向的街道，均应种树。

2. 道路绿带的设计

（1）分车绿带的设计。分车带的宽度依行车道的性质和街道总宽度而定，高速公路上的分隔带宽度一般为 4 ～ 5 m，以能够设置阻止车辆越界和遮挡对面眩光的设施为准，过宽了没有必要。市区交通干道分车带宽度一般不低于 1.5 m，但有些地区把分车带设计得很宽（8 m 以上），用大量的草花装饰，对于完善街道功能和改善城市生态并没有多少作用，除非这个地带是为了预留以后拓展车道宽度，否则没有必要这么做。城市街道分车绿带一般每隔 300 ～ 600 m 分段，干道与快速路可以再长些。

机动车道两侧分隔带应考虑防尘、防噪声种植，但要与视野安全问题同时考虑。分车带绿地种植多以花灌木、常绿绿篱和宿根花卉为主，分车绿带的植物配置应形式简洁，树形整齐，排列一致（图 8-5）。在城市慢速路上分车带可以种植常绿乔木或落叶乔木，并配以花灌木、绿篱等；但在快速干道的分车带及机动车道分车带上不宜种植乔木，因为由于车速快，中间若有成行的乔木出现，树干就像电线杆一样映入司机视野，产生目眩。

（2）人行道绿带的设计。从车行道边缘到建筑红线之间的绿地称为人行道绿带，就其所在的位置可分为车道侧和街面侧两类。人行道绿带宽 2.5 m 左右时可种植一行乔木或乔、灌木间隔种植，宽度为 6.0 m 时可种植两行乔木或将大、小乔木和灌木以复层方式种植，10 m 以上时可采用多种种植方式建成道路带状花园。

行人对街景的观赏主要以在人行道上步行为主，人行道绿带乔木应注意其间距和高度对景观视线的影响。树木的间距和高度不应对行人或行驶中的车辆造成视线障碍。如栽种雪松、柏树等易遮挡视线的常绿树，合理的株距为树冠冠幅的 4 ～ 5 倍。

当绿地宽度小于 4 m 时，在绿地内不宜种植高大乔木，否则会影响建筑物内部的通风与采光，并且影响视线。人行道绿带的设计要兼顾街景和沿街建筑需要，注意在整体上保持绿带连续和景观的统一。

图 8-5　分车绿带

人行道绿带的栽植形式可分为规则式、自然式，以及规则与自然相结合的形式。规则式的种植目前应用较多，多为在绿带中间种植乔木，在靠近车行道一侧种植绿篱阻止行人穿越。如绿带下土层较薄或管线较多时，可以花灌木和绿篱植物为主，形成重复的韵律或图案式种植。当绿带较宽时，可采用草坪、地被作为前景配植，花灌木点缀其中，高低错落地布置，这样种植自然活泼，较受欢迎（图 8-6）。

图 8-6　人行道绿带

3. 交叉路口绿化种植设计

（1）交叉口。为了保证行车安全，在进入道路的交叉口时，必须在路转角空出一定的距离，使驾驶员在这段距离内能看到对面开来的车辆，并有充分的刹车和停车时间而不致发生撞车，这种从发觉对方汽车立即刹车而刚够停车的距离就称为“安全视距”。根据两相交道路的两个最短视距，可在交叉口平面图上绘出一个三角形，称为视距的三角形。在此三角形内不能有建筑物、构筑物、树木等遮挡驾驶员视线的地面物，在布置植物时其高度不得超过轿车驾驶员的视高，控制在 0.65 ～ 0.7 m 的低矮灌木花草，或在三角视距之内不要布置任何植物。视距的大小随着道路允许的行驶速度、道路的坡度、路面质量情况而定，一般采用 30 ～ 35 m 的安全视距为宜（图 8-7）。

图 8-7　视距三角形示意

（2）交通岛。交通岛也称为中心岛（俗称转盘），起着回车约束车道、限制车速和装饰街道的作用，主要是组织环形交通，凡驶入交叉口的车辆，一律绕岛作单向行驶。

中心岛的半径必须保证车辆能按一定速度以交织方式行驶，由于受到环道上交织能力的限制，在交通量较大的主干道上或具有大量非机动车交通或行人众多的交叉口上，不宜设置环形交通。目前我国大中城市所采用的圆形中心岛直径一般为 40 ～ 60 m，一般城镇的也不能小于 20 m。

中心岛的主要功能是组织环形交通，所以不能布置成供行人休息用的小游园或吸引游人的过于华丽的花坛，通常以嵌花草皮花坛为主或以修剪的低矮常绿灌木组成简单的图案花坛，切忌采用常绿小乔木或常绿灌木影响视线（图 8-8）。但在居住区内部，若车流比较小，以步行为主的情况下，中心岛就可以小游园的形式布置，增加群众的活动场地。

图 8-8　交通岛绿化

（3）立体交叉的绿地设计 。在立体交叉处，绿地布置要服从交通功能，使驾驶员有足够的安全视距。在匝道和主次干道汇集的地方要发生车辆顺行交叉，这一段不宜种植遮挡视线的树木；在出入口可以有作为指示标志的种植，使驾驶员看清入口；在弯道外侧，最好种植成行的乔木，以便引导驾驶员的行车方向，同时使驾驶员有一种安全的感觉。立体交叉中的大片绿化地段称为绿岛。绿岛应种植草坪等地被植物，草坪上可点缀树丛、孤植树和花灌木，以形成疏朗开阔的绿化效果。桥下宜种植耐阴地被植物。墙面宜进行垂直绿化。绿岛内还需安装喷灌设施，以便及时浇水、洗尘和降温。立体交叉外围绿地的树种选择和种植方式，要和道路伸展方向的绿化结合起来考虑，和周围的建筑物、道路、路灯、地下设施及地下各种管线密切配合，做到地上地下合理布置，才能取得较好的绿化效果（图 8-9）。

图 8-9　立体交叉绿地

4. 停车港和停车场的绿化

（1）停车港的绿化。在路边凹入式的停车港周围植树，将汽车停在树荫下不致暴晒，同时解决了停车对交通的影响，又增加了街道的美化效果。

（2）停车场的绿化。机动车辆逐渐增加，对于停车场的设立及绿化要求是很迫切的，停车场分为多层的、地下的和地面的三种形式，目前我国地面式较多，又可分为以下三种形式。

①**周边式绿化的停车场**：四周栽植落叶及常绿乔木、花灌木、草地、绿篱或围成栏杆，场内全部为铺装，近年来多采用草坪砖作铺装。四周规划有出入口，一般为中型停车场。

②**树林式绿化的停车场**：一般为较大型的停车场，场内有成排成行的落叶乔木，场地可采用草坪砖铺装。这种形式有较好的遮阴效果，车辆和人均可停留，创造了停车休息的好环境。

③**建筑前绿化兼停车场**：建筑前的绿化布置较灵活，景观比较丰富，多结合基础栽植、前庭绿化和部分行道树设计，可以布置成利于休息的场地，对建筑入口前的美化使街景增加了变化，衬托建筑的艺术效果，要能对车辆起到一定的遮阴和隐蔽作用，以防止车辆组织得不好，使建筑正面显得凌乱，一般采用乔木和绿篱或灌木结合布置。

8.3.4　道路绿地树种选择

根据植被类型和所起的不同作用，将道路绿地的植物种类分为行道树种、花灌木植物、植篱植物、色叶植物、攀缘植物、地被植物和草坪植物等类别。

1. 行道树树种选择

行道树是道路绿化的主要组成部分，道路绿化的效果与行道树的选择有密切的关系，行道树的选择标准见表 8-8。

表 8-8　城市行道树的选择标准

序号	选择标准要求
1	适应当地的生长环境，生长迅速而健壮
2	管理较为粗放，对土壤、水分、肥料要求不高，抗病虫害能力强
3	树干挺拔、端庄、树形美观、冠幅大，遮阴效果好，或具观干、观叶、观花、观果等观赏效果
4	萌芽能力强，耐修剪，易整形

续表

序号	选择标准要求
5	发芽展叶早，落叶晚，落叶期相对一致
6	深根性，无刺、瓜果无毒、无臭味、无毛被飞散等污染
7	树龄长、材质好

在行道树中还应选择出骨干树种，骨干树种必须是最适合该城市道路立地条件的树种，并能反映地方特色。骨干树种最好能充分体现当地的历史文化内涵，富有文化气息或是具有特殊意义的树种。

2. 花灌木植物种类选择

花灌木植物应选择花繁叶茂、花期长、生长健壮和便于管理的树种，由于花灌木的种类很多，选择有较大的灵活性。选用路旁栽植的花灌木应注意：无细长萌蘖或向四周伸出稀疏枝条的、树形整齐的植物种类，最好无刺或少刺，以免妨碍车辆和行人的通行；耐修剪、再生能力强，以利控制植物高度和树形；生长健壮、抗性强，能忍耐尘埃和路面辐射热；枝、叶、花无毒和无刺激性气味；尽量选择先花后叶、果实具有观赏价值的树种。

任务 8.4　现状调研

8.4.1　调查前准备工作

调查前需准备调查工具设备（如无人机、相机、皮尺等）、问卷调查表、访谈记录表，并准备好植被调查工具及记录本，确定好调查方案。

8.4.2　分组实施调查

（1）**无人机倾斜摄影组**：获取道路区绿地全景资源及相关构园要素的数据。

（2）**问卷调查组**：获取不同年龄人群对道路绿化的感受，作为景观提质改造的依据。

（3）**访谈记录组**：收集管理方、使用者的关于景观提质改造的意见，实现大众参与设计。

（4）**资源调查组**：包括植物资源与风景资源调查（附件 8-1、附件 8-2）。

8.4.3　调查后资料整理

调查小组进行相关数据与资料的整理，形成相关调查结果报告。

附件 8–1：

城市道路绿地使用状况调查问卷

1. 您的性别 [单选题]*

○男　　○女

2. 您的年龄 [单选题]*

○ 18 岁以下　　○ 18 ～ 28 岁　　○ 29 ～ 44 岁　　○ 45 ～ 59 岁

○ 60 岁以上

3. 您的职业 [单选题]*
○在校学生　○教师　○专业技术人员　○机关干部或公务员
○普通职员　○私营企业主　○自由职业者　○退休人员
4. 您日常生活中的大部分时间是在 [单选题]*
○户内　○户外　○差不多
5. 您喜欢进行户外活动的程度 [单选题]*
○非常喜欢　○一般　○不喜欢
6. 您认为现在居住范围内的绿地面积能满足平时的需求吗 [单选题]*
○能　○不能
7. 您进入城市道路绿地的主要原因是 [多选题]*
□环境优美，放松心情　□顺路方便　□社交活动的需求　□遮阴避暑的需求
□活动休闲的需求　□绿地内公共设施的使用需求　□其他
8. 您前往道路绿地的频率大致为 [单选题]*
○每日 1 次及以上　○ 2 ～ 3 日一次　○每周一次　○小于一周一次
9. 您在平时常去的道路绿地逗留时间大约为 [单选题]*
○半小时以内　○半小时到一小时　○一小时到两小时　○两小时以上
10. 您一般前往道路绿地的时间段为 [单选题]*
○早晨　○上午　○中午　○下午
○晚上
11. 您在前往平时经常去的道路绿地路上所花费的时间大致为 [单选题]*
○步行 5 分钟内　○步行 5 ～ 10 分钟　○步行 15 分钟
○距离较远，使用其他交通工具（如自行车、电瓶车等）
12. 对于城市道路绿地，您看重的几项 [多选题]*
□环境优美　□净化空气　□降低噪声　□调节温湿度平衡
□遮阴效果好　□提供社交空间　□提供安静私密空间
□创造休闲娱乐的空间
13. 您希望所在城市道路绿地在以下哪个方面得到改善 [多选题]*
□增加一定的私密空间
□增加隔离绿化带设计
□增加景观建筑小品（雕塑、喷泉）
□增加景观趣味性
□注重绿地景观规划和设计（艺术性、观赏性）
□举办一些有意义的活动
14. 您对目前所在城市的道路绿地的满意程度 [单选题]*
○非常满意　○基本满意　○不满意 ________
15. 您对目前所在城市的道路绿地的满意程度 [单选题]*
○非常满意　○基本满意　○不满意 ________

附件 8-2：

道路绿地使用后评价访谈记录表

访谈时间		地点		记录人	
访谈对象及背景					
访谈人					
访谈内容					

任务 8.5　规划表达

8.5.1　构思立意

1. 主题确定

创建绿化特色道路旨在提升城市绿化管理精细化水平，推进生态环境的“绿化、彩化、珍贵化、效益化”，提升道路沿线绿地品质，为市民提供更多有亮点的道路绿化景观，进一步满足市民出行需求。“春天是红色的，夏天是紫色的，秋天是黄色的，冬天的颜色请你亲自来看看……”，“四季不同色”将为市民带来全新的街景视觉享受。

2. 深化主题

四季多彩道路主题是指通过精心设计和维护，使道路绿化呈现出四季不同的色彩和景观，从而为行人和车辆提供视觉上的享受和舒适感。**春季**，可以选择开花植物如樱花、桃花等，它们的盛开为道路增添了生机和活力。**夏季**，通过种植茂盛的树木和草本植物，形成浓密的绿荫，为行人提供凉爽的休息环境。**秋季**，利用枫树、银杏等变色叶植物，它们的叶片变色为秋天增添了丰富的色彩。**冬季**，通过常绿植物如松树、柏树等，保持道路的绿色基调，为寒冷的季节带来生机。

3. 概念生成

概念生成过程是设计的初步构思，并建立逻辑思维，可通过线性、环形、放射形、层级形、网络形等逻辑思维生成概念，完成构思与立意（图 8-10）。

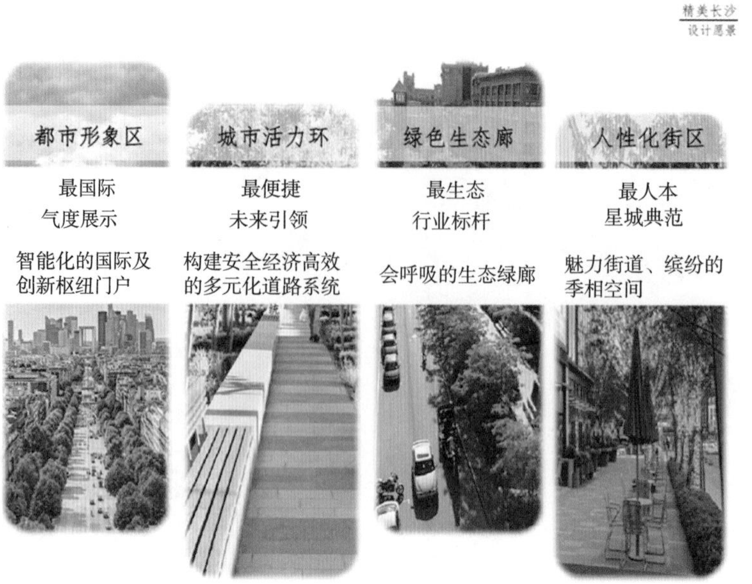

图 8-10 “四季多彩 - 精致街道”概念生成

8.5.2 方案深化

总体设计方案图根据总体设计原则、目标，完善相关内容。此外，总体设计方案图应准确标明指北针、比例尺、图例等内容。面积在 100 hm^2 以上，比例尺多采用 1 ∶ 2 000 ～ 1 ∶ 5 000；面积为 10 ～ 50 hm^2，比例尺用 1 ∶ 1 000；面积在 8 hm^2 以下，比例尺可用 1 ∶ 500。

植物以长沙市劳动东路景观提质为例，设计打造拥有安全视距的转角城市森林空间，梳理现状死亡苗木，重新打造节点内广场通行空间、雨水花园梳理。

植物以色叶开花为主，具有色相和季相的变化。地被特征：以开放绿地景观为主要打造景观。乔木：桂花、朴树、杨梅、香柚等；灌木：早樱、晚樱、红枫、紫叶李、红继木等；地被：草皮、春鹃、吉祥草、金丝桃、常绿萱草等（图 8-11）。

图 8-11 “四季多彩 - 精致街道”方案深化

8.5.3　方案成果

1. 湘潭市建设路景观改造设计

蓝色主题－城市水脉：湘潭是一个滨水发展的城市，湘江横穿整个城市，见证了湘潭的发展建设，水文化也是这个城市的一大特色。由于建设路以“建设”两字命名，因此其规划以体现城市水脉为主题，设计中通过在不同节点上创造各种形态的水景以呼应主题。在种植上，尽量保留现有植被，并对其进行一定程度的梳理。在铺装上，选择透水铺装。在小品的设计上将尽量使之与水景相结合，同时，沿街增加休憩设施和自行车停车场。

方案成果：湘潭市建设路景观改造设计作品

2. 湘潭市双拥路景观改造设计

绿色主题－城市绿脉：双拥路位于湘潭市新城区，其周围拥有大片尚未开发的土地，具备良好的开发条件，该路规划以体现城市绿脉为主题，力图通过对道路本身及其周边地段的合理规划，打造未来城市的生态景观大道，使之成为一条飘进新城的绿绸带。由于其原名为丝绸路，方案中将吸收丝绸飘带的造型特征，并将其应用到设计中。在种植上，主行道树采用弧形的种植方式。在铺装上，将采用透水铺装，尽量做到生态环保。在小品设计上，充分吸收丝绸飘带的造型特征以呼应主题。此外，对沿路部分山体进行生态护坡以美化环境

方案成果：湘潭市双拥路景观改造设计作品

任务 8.6　评价总结

运用 AHP 模糊综合评价法，根据道路绿地规划要点，构建了“知－意－行”3 个目标因子及相应的 10 个准则层因子，精准项目评价，构建了“道路绿地规划”评价模型见表 8-9。

评价模型：“道路绿地规划”评价模型

表 8-9　“道路绿地规划”评价模型

评测人姓名、单位和评测对象为必填项！		制表日期	
评测人	姓名	单位	
评测对象			
序号	评测指标	评测指标说明	评价
1	绿地知识	优 >8 分；中 6 ～ 8 分；差 <6 分	
2	规划要点	优 >8 分；中 6 ～ 8 分；差 <6 分	
3	规划指标	优 >8 分；中 6 ～ 8 分；差 <6 分	
4	调查准备	优 >8 分；中 6 ～ 8 分；差 <6 分	
5	实施调查	优 >8 分；中 6 ～ 8 分；差 <6 分	
6	调查分析	优 >8 分；中 6 ～ 8 分；差 <6 分	
7	构思立意	优 >8 分；中 6 ～ 8 分；差 <6 分	
8	概念规划	优 >8 分；中 6 ～ 8 分；差 <6 分	
9	图纸表现	优 >8 分；中 6 ～ 8 分；差 <6 分	
10	汇报表达	优 >8 分；中 6 ～ 8 分；差 <6 分	

参考文献

[1] 周初梅 . 城市园林绿地规划 [M] . 北京：中国农业出版社，2006.

[2] 杨赉丽 . 城市园林绿地规划 [M] .4 版 . 北京：中国林业出版社，2016.

[3] 刘新燕，赵建民 . 园林规划设计 [M] .4 版 . 北京：中国农业出版社，2019.

[4] 郑淼 . 园林绿地景观规划设计 [M] . 北京：中国林业出版社，2018.

[5] 吴殿廷，张文新，王彬 . 国土空间规划的现实困境与突破路径 [J] . 地球科学进展，2021，36 (3)：223—232.

[6] 董晓华，赵建民 . 园林规划设计 [M] .2 版 . 北京：高等教育出版社，2015.

[7] 许浩 . 国外城市绿地系统规划 [M] . 北京：中国建筑工业出版社，2003.

[8] 肖海文，张政梅，程厚强 . 家具设计与制作 [M] . 北京：北京理工大学出版社，2021.

[9] 蔡跃，李静 . 德国职业教育工作手册式教材编写体例及开发要点研究 [J] . 中国职业技术教育，2021，37 (20)：59—64.

[10] 赵玉梅 . 高职院校在线精品课程与融媒体教材一体化开发策略研究 [J] . 工业技术与职业教育，2022，20 (5)：23—26.

[11] 牟迪，马宏骞，夏金伟 . 职业教育新型融媒体教材建设的研究与实践 [J] . 武汉船舶职业技术学院学报，2022，21 (4)：83—87.

[12] 赵冰，关玉梅，倪文龙 . 基于融媒体教材的建设研究 [J] . 齐齐哈尔高等师范专科学校学报，2023 (5)：106—108.

[13] 许世建，董振华，黄辉 . 坚持德技并修优化类型定位 全面推进职业教育课程思政建设——职业教育课程思政示范项目建设综述 [J] . 中国职业技术教育，2021 (23)：5—9.

[14] 胡长龙 . 园林规划设计 [M] .2 版 . 北京：中国农业出版社，2002.

[15] 封云 . 公园绿地规划设计 [M] .2 版 . 北京：中国林业出版社，2004.

[16] 唐学山，李雄，曹礼昆 . 园林设计 [M] . 北京：中国林业出版社，2002.

[17] 赵建民 . 园林规划设计 [M] . 北京：中国农业出版社，2001.

[18] 杨向青 . 园林规划设计 [M] . 南京：东南大学出版社，2004.

[19] 济大学建筑系 . 公园规划与建筑图集 [M] . 北京：中国建筑工业出版社，1985.

[20] 北京园林局 . 北京优秀园林设计集锦 [M] . 北京：中国建筑工业出版社，1996.